木工入门超详解

掌握精确定量的木工操作

〔美〕杰夫·米勒◎著　刘　超　郑　羿◎译

北京科学技术出版社

免责声明：

由于木工操作过程本身存在受伤的风险，因此本书无法保证书中的技术对每个人来说都是安全的。如果你对任何操作心存疑虑，请不要尝试。出版商和作者不对本书内容或读者为了使用书中的技术使用相应工具造成的任何伤害或损失承担任何责任。出版商和作者敦促所有操作者遵守木工操作的安全指南。

著作权合同登记号 图字：01-2019-4086

图书在版编目（CIP）数据

木工入门超详解：掌握精确定量的木工操作 /（美）杰夫·米勒著；刘超，郑羿译 . — 北京：北京科学技术出版社，2021.5

书名原文：The Foundations of Better Woodworking

ISBN 978-7-5714-1312-5

Ⅰ . ①木… Ⅱ . ①杰… ②刘… ③郑… Ⅲ . ①木工—图解 Ⅳ . ① TU759.1-64

中国版本图书馆 CIP 数据核字（2021）第 004895 号

策划编辑：刘 超 张心如	邮政编码：100035
责任编辑：刘 超	电话传真：0086-10-66135495（总编室）
责任校对：贾 荣	0086-10-66113227（发行部）
营销编辑：葛冬燕	网 址：www.bkydw.cn
图文制作：天露霖文化	印 刷：北京宝隆世纪印刷有限公司
封面设计：昇一设计	开 本：889mm×1194mm 1/16
责任印制：李 茗	字 数：350 千字
出 版 人：曾庆宇	印 张：12
出版发行：北京科学技术出版社	版 次：2021 年 5 月第 1 版
社 址：北京西直门南大街 16 号	印 次：2021 年 5 月第 1 次印刷
ISBN 978-7-5714-1312-5	

定价：98.00 元

关于作者

杰夫·米勒（Jeff Miller）是一名音乐家、家具设计师、手工匠人和多产作家，同时也是一名活跃的教师。他在芝加哥拥有自己的木工学校，并在美国的多所家具制作学校任教。他设计和制作的家具赢得了无数奖项，并多次在全美展出，其中一些被芝加哥历史博物馆所收藏。他的代表作《椅子制作与设计》（Chairmaking & Design）荣获1997年的斯坦利奖（最佳操作手册），他制作的视频《椅子制作技术》同时荣获最佳视频奖。他还撰写了《床和儿童家具作品》（Beds and Children's Furniture Projects）一书，并为汤顿出版社的《室内外家具》（Furniture for All Around the House）和《室内外储物用品》（Storage Projects for All Around the House）撰写了部分章节。他从事木工已经40余年了，经常为《精细木工》（Fine Woodworking）和《大众木工》（Popular Woodworking）等顶级木工杂志撰稿。

致谢

让我惊讶的是，在我写这本书时有那么多人在容忍我，容忍我所做的一切。非常感谢所有在我探索和测试新想法时耐心聆听的人，特别是克里斯·施瓦茨（Chris Schwarz）、梅根·菲茨帕特里克（Megan Fitzpatrick）、贾米尔·亚伯拉罕（Jameel Abraham）、丹妮·普查尔斯基（Deneb Puchalski）、马克·亚当斯（Marc Adams）、安迪·布朗内尔（Andy Brownell）。

特别感谢我的妻子贝基（Becky）和我的女儿爱丽儿（Ariel）。还要感谢克里斯和梅根的重要意见和审阅。正是有了克里斯的帮助，一个激动人心的想法才能变成一本真正的书。

非常感谢戴维·蒂尔（David Thiel）为本书出版所做的前瞻性工作。没有他的耐心和指导，这本书不可能完成。

特别感谢我所有的学生，他们多年来一直信任我能传授他们知识，却没有意识到，他们也教会了我很多。

公制换算表

原单位	现单位	应乘系数
英寸	厘米	2.54
厘米	英寸	0.4
英尺	厘米	30.5
厘米	英尺	0.03
码	米	0.9
米	码	1.1

安全须知

为了防止发生事故，在操作时应时刻牢记安全准则。使用安装在电动设备上的安全防护装置可以为你提供保护。

在使用电动设备操作时，请保持手指远离锯片（或刀片），佩戴安全护目镜，以防止飞扬的木屑和锯末伤到眼睛，佩戴听力保护装置，并考虑安装吸尘系统，以减少空气中的粉尘含量。

使用电动设备时，不要穿着宽松的衣服（例如，袖子宽松的衬衫），不要佩戴领带，也不要佩戴珠宝首饰（例如，戒指、项链或手镯）。扎紧头发，防止其被卷入设备中。

对某些化学物质敏感的人应在使用任何产品前检查其化学成分。

由于各地气候条件、所选木材和技术水平等方面是高度可变的，因此，本书作者以及大众木工杂志社不对使用本书造成的任何事故、伤害或其他损失承担责任。

本书的作者和编辑尽最大努力保证内容尽可能准确和正确。平面图、插图、照片和文字均已经过仔细检查。在开始正式制作之前，所有的说明和平面图都应当被仔细阅读、研究和理解。

书中列出的耗材和设备价格是本书出版时的价格，会随市场形势发生变化。

前 言

在漫长的教学生涯中，我发现很多学生——即使是才思敏捷且拥有精良设备的人——也缺乏最基础的知识和技能。核心知识的缺失并不奇怪，因为大多数木工文献和木工媒体很少关注基础层面的问题。人们更喜欢直接进入作品制作环节，或者热衷于作品制作过程中处理某些元素所需的特定技术。一些文章和书籍会介绍木工操作方法，但仍然会遗漏很多木材、工具的基本知识和人体力学的基本原理，不幸的是，只有在理解这些基本知识的基础上，你才能成功地切出直线、刨削出光滑平整的表面，以及精确地组装接合件。

如果缺乏扎实的基础知识和技能，木匠永远无法完善其需要提高的技术。例如，很少有木匠因为缺乏如何切割燕尾榫的信息而无法成功切割出燕尾榫，他们主要是因为缺乏基本的锯切技术，不能正确地切出直线，或者凿切技术不得要领，不能用凿子凿出精确的榫眼。这些技能的运用都要基于对正确的身体姿势和人体力学、木材的基本特性、工具工作原理的了解，以及对直线切割意义的理解。

身体的姿势和生物力学是正确使用锯和凿子所需力量和控制力的根本。对木材结构的了解，加上对木工工具在加工木材过程中性能的理解，提供了如何正确使用这些工具的关键信息。当木匠了解了切割线的哪一侧木料需要切除时，这些信息就可以汇聚在一起了。当然，还要考虑实践因素。但是在实践过程中，确切地知道想要达成的目标对于提高操作能力是至关重要的。相比于对切割步骤的描述，这些基础知识和技能才是造成木匠操作能力天差地别的关键。

我是一名音乐家，也是一名老师。令我吃惊的是，如此多的木匠在学习木工技艺时并没有采用较为系统的方法。音乐家的训练通常是从如何正确地使用身体演奏乐器开始的（或者更直接地说，如何正确地发声）。手的位置、姿势，甚至呼吸节奏都发挥着重要作用。音乐基础本身也需要学习，包括基本的音调和形式结构。最后，出于完善音乐教育的需要，有必要学习一些音乐史的知识，它不仅可以使你了解哪种音乐是何时出现的，还能帮助你了解不同类型音乐风格上的细微差别。

音乐家的听觉要比普通听众强得多。同样，真正的木工大师对于木材和家具的整体样式、结构和细节的感知也要比普通木匠敏锐得多。这是耳朵、眼睛等感官得到系统训练的结果。

类似的概念同样适用于大多数的运动项目。无论是挥动高尔夫球杆或网球拍，还是跑步、骑自行车以及游泳，如何以符合力学原理的方式运用身体，以及对运动项目和器材特定力学要求的理解程度，都会对你的训练和运动表现产生巨大的影响。

音乐家和运动员具备建立更好的知识基础的方法体系，并且他们还有多种不同类型的训练资源来强化这些基础知识。

相比之下，很多木工学习者则倾向于拿起几

种工具，选择一件作品直接上手。有些人能够通过这种方式获得成功。一个睿智的学生会通过反复尝试和试错，或者通过仔细观察其他人的操作来掌握一些核心知识。如果有优秀老师的指导，你可以学到更多东西。老师可以指出你存在的基本问题，并指引你正确使用工具和材料。但如果学生尚未充分理解基础知识，即使有良师指导也是不够的。

　　传统的学徒模式为音乐学习或运动训练提供了基本框架。这种模式不仅教授基础知识，而且提供了近距离接触大师并观察其高水平表现的机会。这样做的结果显而易见。学徒可以直接在大师和高水平木匠的监督和指导下，从最简单的操作到更加复杂的操作，循序渐进地稳步提高。

　　本书的目标是为想要学习木工的人创建一份重要的指南——把尽可能多的基本木工知识汇总在一起，使它们便于学习，并在之后可以应用于各种木工操作。它不能完全比肩学徒模式，也不能使你可以直接在优秀老师的指导下上手操作，但它相比其他资源，可以为你提供对木工基本知识的更全面的理解。

　　我的出发点并不是向你展示每一件事情的具体做法。事实上，有人教你如何做某件事并不意味着你可以做好这件事。我的目标是帮助你建立理解的基础，然后你可以在此基础上学习和提高各种木工技能。

引 言

类比是描述本书内容的最好的方式。假设你想开车从你家去居住在另一个城市的朋友的新住处，这需要很多准备，其中很多是你认为理所当然的。首先，你需要一辆汽车以及驾驶能力。同时，你也需要关于汽车如何行驶的知识、在道路上驾驶的基本知识和各种交通规则。你还需要一张地图（电子的或其他形式的），以及目的地的确切位置。你还需要某种形式的反馈机制，以保持整个驾驶过程处于正常状态，这不仅是为了保持正确的驾驶方向，也是为了保持汽车以适当的车速行驶，并能应对周围的交通状况、道路条件和天气状况的变化。

大多数木匠会对"汽车"非常满意，也有很多现成的"地图"可供使用。但是，确切的目的地在哪里呢？又应该如何实际驾驶汽车，并在一切保持正常的情况下抵达目的地呢？可能会遇到哪些常见的问题或不可预测的变数呢？这类讨论很少见。"确切目的地"是什么意思呢？正如你驾车到朋友家需要知道其准确的街道地址那样，在木工操作中，你需要给出准确的预期，你想要做什么。

还有另一个类比，即在音乐中，仅仅知道应该演奏的音符是不够的。你必须准确控制音高和音量，并在正确的时机将其演奏出来。你可能还需要与其他正在演奏的音乐家保持协调一致。此外，为了让音乐生动地呈现，你需要理解每个音符是如何融入旋律及和声的，然后你才可以塑造音乐语言，表达音乐思想。

我至今记得40多年前的高中时期，在一次糟糕透顶的乐队排练中，我们的乐队指挥，一位才华横溢的音乐家，试图向我们传达上述要点。它对乐队的每个成员都产生了巨大的影响。在整整1小时的排练中，我们只演奏了乐曲最开始的几个音节，总共只有3秒左右的部分。乐队指挥一一指出问题，并指导我们进行针对性的协调、调整和完善。在整个排练过程中，乐队里越来越多的成员开始理解指挥和音乐对我们的要求。

木工操作也应如此。你想制作一个以燕尾榫榫接的抽屉，你不仅需要知道如何设计和切割接合件，还需要了解，什么样的接合紧密程度是合适的，如何贴近画线锯切才能得到尺寸准确的接合件，以及如何使用工具获得齐整的、垂直的棱角和平直的切面。这些就构成了正确接合的基础。接合件的外观（角度、间距、销件的大小、木材的选择、棱角处理、表面光洁度）也必须与部件的其余部分匹配。

这就引出了"目的地"这一概念的关键部分：对即将开展的工作的质量有清晰的认识。这是一个关乎选择的问题，并非硬性标准。希望你的标准可以随着你的进步不断提高，你也能在认识、理解和完成高质量的工作方面做得更好。大多数时候，你会努力去达到你能想象的最高水平，但在某些情况下——甚至在同一操作中——标准可能会放宽。即使在某些最精美的古典家具制作中也是如此；只是为了获得骗过眼睛的视觉效果的操作纯粹是功能性的。有些操作可能同时需

如果你不知道目的地在哪里，那你几乎没有机会到达那里。

要完全不同的标准。在任何情况下，你都要牢记明确的质量标准，并努力遵守这些标准。

你不会仅仅因为有了更好的质量意识而变得更好。但如果没有这种认识，你肯定不会变好。你需要具备这种质量意识，并在执行所有步骤的过程中贯彻执行。

在某些方面提高质量意识是非常容易的。从根本上讲，如果你不知道机器加工痕迹、横向于木材纹理的划痕或者打磨方式会磨圆棱角，甚至使木料表面变得没有光泽，你还会注意到这些问题吗？不太可能。但一旦你意识到这些问题的存在，它们就会清晰地呈现在眼前。榫头应该如何与榫眼相匹配？如果你并不知道榫卯的确切形状、它为何必须以这种方式接合，以及在制作接合件时可能会遇到的各种问题，你将如何使榫头和榫眼正确地匹配呢？

那么，我们应如何着手弥补这些木工知识的缺失呢？又应如何建立对这些木工知识理解的基础呢？

首先，我们要理解材料和工具的基本信息——相当于类比中的汽车和道路系统。

提高我们理解能力的最好方法是，为这些事物的运行建立合理的思维模型。通过类比，我们可以想象一幅道路系统和汽车实际运行情况的画面（简化但准确），并且我们不会以错误的假设（例如，汽车是由在引擎盖下的运动轮上奔跑的仓鼠提供动力的）为基础。然后我们会继续进行驾驶——正确地利用身体驾驶汽车，同时学习更准确地观察和发现周围的状况。我们还会学习更多关于保持方向，以及如何提高必要驾驶技能的知识。

最后，我们会介绍一些非常实用的改进方法：如何应对错误、如何在操作中获得更多反馈，以及如何尝试和磨炼技能。

我希望，阅读本书之后，你不仅可以成为一名更好的木匠，而且业已建立了可以进一步提高自身能力的基础。

注意

不需要动脑筋的木工操作领域很少。首先，你的安全需要你时刻关注正在发生的事情，无论是多么重复性的操作。事实上，在容易走神的情况下，你需要格外注意安全。同样重要的是，在整个操作过程中要注意保证质量，并在制作过程中改进每一项操作。

目 录

第一部分

基础知识

我的儿子艾萨克（Isaac），在我的店里帮忙设计测量木板尺寸的新方法。图中的木板是顺纹理方向断裂的

1

了解木材

用木材做东西回报非常丰厚。如果一切顺利，可以制作出令人爱不释手的家具，如果细心呵护，它们可以使用几个世纪之久。但是木材同样会带来难以置信的挫败感，因为木材的开裂、翘曲、扭曲、膨胀和收缩，或者接合件的断裂会令人抓狂。尽管木材确实偶尔会表现得像是在故意制造麻烦，但大多数情况下，问题的根源在于木匠对木材认知的缺乏。木材不是一种稳定的惰性材料。随着时间的推移，它会吸收和失去水分发生形变，会随着温度的变化而变化，并会逐渐老化。你很难认为这是理所当然的。但随着对木材结构以及结构对木材特性的决定作用了解得越多，你就能更好地应对它造成的各种困难。

大纤维束

你要理解的最重要的一点是，木材不是一种均质材料，其性能也不同于均质材料。沿一个方向切割木材，你会得到一组特性。把木材翻转过来，你会感觉手里拿着的是另一种材料。把木材旋转90°，你会发现木材完全不同的属性。木材在顺纹理、交叉纹理、横向于纹理和横向于端面纹理四个方向上具有明显不同的特性。在某些木板上，你甚至不需要旋转木板，就可以在同一表面的很小范围内发现所有这些特性。

这是为什么呢？因为木材是纤维状结构。可以把它想象成一大捆松散连接的稻草。当木材还是活树的一部分时，其中一些纤维会发挥管道的作用，从土壤中吸收水分和矿物质并将其输送到树冠。其他纤维则会将树叶中合成的糖向下运输，使其到达其他生长细胞中。

当然，这种描述过于简化。但是这个基本的脑海映像足以告诉你大量木材的形成机制，并帮助你更好地使用木材。

让我们从"稻草束"最重要的特性之一开始讲解。虽然"稻草"本身也会断裂，但其自身强度要比"稻草"之间的连接作用强大得多。换句话说，单根木纤维的强度要比木纤维之间的连接作用更强。这对于理解木材的许多特性是非常重要的。最明显的一点就是，一块纤维（纹理）沿长度方向延伸的木板的强度要比纤维沿宽度

图 1-1 这是一种与众不同的分割木料以获取木板的方式，且更为有用。这块原木已经被劈裂为多块楔形板料

方向延伸的木板的强度高得多。

加工木材

将铁楔敲入原木的端面或沿平行于纤维的方向敲入，原木就会沿纤维方向裂开。按照这种方式首先切割出粗板料，最终你会得到纤维走向与木板边缘走向完全相同的木板，这样的木板非常结实（见图1-1）。

你可能认为这种分割方式是木工常识，并且是木工领域非常有用的知识。但如今，只有少数几家专门从事椅子、仿古家具制作或木料蒸汽弯曲加工的厂家仍在以这种方式劈裂原木获取木料。绝大多数的木板都是从原

打破木板

大量证据表明，木材沿纤维方向具有更高强度的特性与木材加工方式无关。很多武术流派都会把打破木板作为测试力量和发力准确性（见第2页图片）的方式。对于一块纤维走向平行于其长度方向的木板，双手分别握住其两条短边，想要横向于木纤维发力将其弄断是非常困难的。武术中打破木板的测试建立在双手分别握住木板的两条长边，并平行于木纤维方向发力的基础上的。因为木纤维之间确实更容易断裂，当然，即使这样仍然需要良好的准头和足够的爆发力才能打破木板。

木上锯切得到的。锯切板的木纤维走向很少能与木板边缘完全平行。

木纤维也不都是直线生长的。根据树木的生长方式，木纤维可以向各个方向弯曲、扭曲和转向。这使得完美地劈开木料变得更加不可能，也是锯切木料成为常态的原因之一。锯木厂会沿着树干的轴向锯切木板，但并不能保证木纤维是沿这个方向延伸的。树木也不是规则的圆柱体。即使是最直挺的树干，底部直径也会更大，并向着顶部逐渐变细。树木会响应环境的变化而成长。

你可能会得到一块木纤维走向"不正确"的木板，这在木工操作中很常见。"不正确"的木纤维走向在切割曲线形状的木料时最为常见。无论何种原因，如果木纤维在小范围内横向贯穿木料，这种纹理则被称为短纹理，相应的部位就是木料的薄弱点，加工时需要特别注意。许多学习者会想当然地认为，木材通常足够坚固，可以忽略这些问题。不注意木纤维的走向并不意味着它不重要。事实上，如果把它考虑在内，你会做得更好。

除了铁楔，木匠还可以使用其他多种工具劈开木料。这些工具本质上都是具有锋利刃口的楔形件。楔入作用和木材的纤维特性在工具的使用中起着重要作用。略显夸张的"稻草束"模型可以帮助阐明这种交互作用。

如上所述，木纤维并不一定是沿直线生长的，而且用树木锯切得到的木板也很少存在木纤维从头到尾笔直延伸的情况。因此，一个更为合理的"稻草束"模型应该包括以下信息："稻草"可能会与木料表面成一定的倾斜角度，或者向不同方向弯曲。不难想象，当你试图用锋利的刀刃切入"稻草束"时会发生什么。如果"稻草"相对于木料表面的倾斜方向与刀刃的进刀方向相同（平行于纹理切割），刀刃很可能会切入"稻草"之间并将其撬起，而不是干净地将其切断形成薄片。因为与切断木纤维相比，楔入木纤维之间使其与相邻木纤维分离所需要的力量更小（见图1-2）。

另一方面，如果"稻草"在木料表面与刀刃成一定的倾斜角度，刀刃就很容易切断"稻草"，不会出现任何咬料或楔入并分离木纤维的状况。此外，由于位于表面切口后方和下方的"稻草"为表面"稻草"提供支撑，因此刀刃可以干净地将其切断（见图1-3）。

横向于木纤维的切割（在木料表面垂直于纹理的方向）更倾向于分离"稻草"而不是将其切断。你可以想象把木料剥去一层（见图1-4）。除非切口可以覆盖木板的整个宽度，否则切口边缘会参差不齐。"稻草"可

图1-2 用凿子顺纹理方向切削，木材会在预期切口的前方和下方开裂

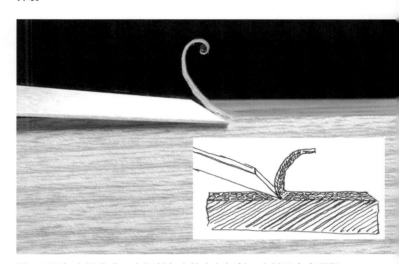

图1-3 沿与木纤维成一定倾斜角度的方向切削，木料不会在预期切口的下方裂开

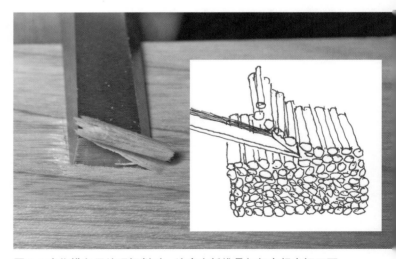

图1-4 当你横向于纹理切削时，注意木纤维是如何在超出切口两侧的位置断裂的

能会在超出切口的两端位置断裂。在木板的远端，"稻草"可能会断裂得更厉害。

当你横向于木料的纹理方向刨削时，刨花的外观和刨削的感觉会与顺纹理方向刨削时截然不同。可以把它们想象成一堆彼此相连的微型毛刺，它们带给你的感觉与正常的薄片刨花完全不一样。如果它们落在你的衬衫上，你会发现它们很锋利，而且令人生厌（见图1-5）。

你可能需要先划刻木料体会切断纤维的感觉，然后再横向于纹理方向刨削或凿切。也有一些槽刨是专门为横向于纹理方向刨削设计的，其结构中包括一个额外的刀片（也被称为尖端组件），可以先于刨刀刀刃切断木纤维。

在横向于木板的端面纹理刨削时，还会出现其他问题。"稻草束"模型同样可以解释这些问题。开始切割时并不会出现问题，大部分"稻草束"会为最初的切割部分提供支撑。然而，随着操作靠近木板的远端，能为待刨削部位提供支撑的"稻草束"会越来越少。最终会到达一个临界点，即将刀刃推过"稻草"所需的力会超过将"稻草"捆在一起所需的黏附力。结果就是，当刨刀刨削到达木板的远端时，远端边缘的"稻草"会与主体分离，木料会撕裂（见图1-6）。

图 1-5 当横向于木料纹理方向刨削时，你会获得真实的"纤维"感。值得注意的是，木板的远端边缘正在开裂（剥落）

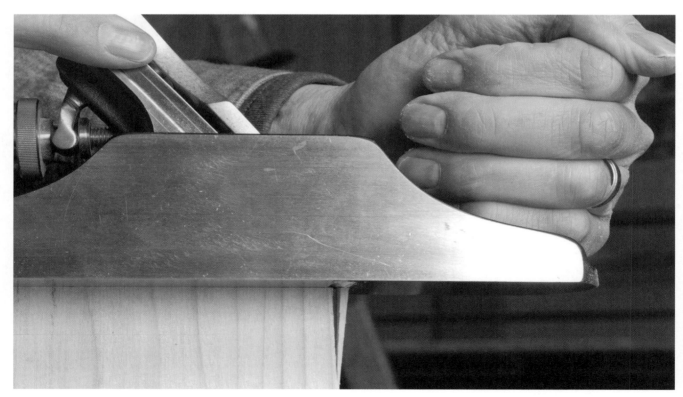

图 1-6 对木板端面进行刨削时，位于木板远端边缘的无支撑部分的木料会被撕裂

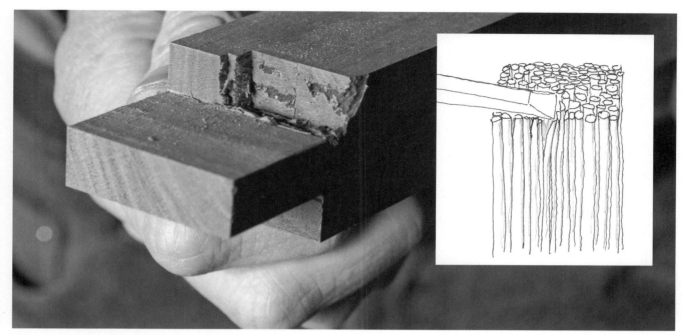

图 1-7 用凿子凿切得太用力，榫肩可能会像图中这样撕裂

随着刀刃开始切割，"稻草束"中的"稻草"（木板中的木纤维）会受到一点压缩。这种现象实际上存在于所有的切割过程中，但在切割木板的端面时表现最为明显。即使使用最锋利的刀刃，"稻草束"也会在刀刃开始切入木料之前受到一点压缩。需要施加足够的力推动刀刃，才能维持其切割状态。较大的楔入角度、较钝的刀刃或者切割过快，都可能导致在真正的切割发生之前进一步压缩木纤维，从而导致靠近边缘的木纤维与其周围的木纤维完全分离。这会使切割非常粗糙。如果你尝试更用力地切割，可能会导致切割面下方的木料直接撕裂而非正常切割（见图 1-7）。

在处理木材时，经常能发现木纤维走向随意的木板。在木板表面的某个位置，木纤维向某个方向延伸，而在不远处的另一个位置，木纤维会转向另一个方向。这可能非常令人沮丧，并且很难避免木料的撕裂。通常的解决办法是使用更小的切削角度，因为使用较大的角度更不易楔入纤维。根据角度的不同，木料受到的切削作用也会不同。与小角度的切削作用不同的是，大角度的切割会导致压缩失败，从而造成木料直接碎裂。虽然这样不太可能会撕裂木纤维，但无法得到成功刨削后那样平整光滑的表面。在使用工具的章节部分，我给出了更为具体的建议。

胶合木材

在考虑如何把木材胶合在一起时，木材的纤维特性也很重要。将木纤维类比为稻草有助于解释这一点。为了把一捆稻草成功地胶合在一起，必须沿稻草的轴向黏合。并不需要它们相互平行，倾斜一定角度也没有问题，但必须保持稻草的侧面相互接触。不难想象，用胶水黏合稻草的两端肯定有问题：两端的胶合面积很小，大部分的胶水会被吸入稻草内部，因此任何以"稻草"末端介导的胶合都无法形成牢固的连接。

横向于端面纹理刨削

解决刨削木板端面时木纤维分离这一实际问题的一种方法是，在刨削之前润湿木板的端面（水和油漆溶剂油都可以，后者还不会造成工具生锈，但其缺点是挥发较快）。这样木纤维可以膨胀到足以削弱压缩影响的程度，通常可以使刨削操作更利落。当然，使用更锋利的刀片和更小的刨削角度也会有帮助。

图1-8 在这个长纹理面与端面纹理胶合的示例中，只有少数木纤维真正附着在端面上。连接正好在胶合线处断开

图1-9 强行破坏两个长纹理面的胶合，断裂总是发生在胶合线附近，而非胶合线上

这一点对于木材可能表现不那么明显，但同样适用。我们当然能够把木料的端面胶合到其他物件上（甚至是其他木料的端面），但这样的接合并不牢靠，很容易在受压或受到冲击时断开（见图1-8）。端面的木纤维很难有效附着在其他部位的木纤维上，因此端面形成的接合件很容易在胶合线处断裂。

木纤维之间沿轴向的胶合强度通常比木材本身的强度更高。换句话说，良好的胶合往往比木纤维之间形成的自然结合强度更高。几乎所有的木工胶都是如此。如果要断开一处木纤维间接触良好（长纹理对长纹理）的接合件，断裂几乎总是发生在靠近胶合线的一侧木料上，而不是接合处（见图1-9）。

超越"稻草束"模型

还有一些木材特性是"稻草束"模型无法完全解释的。为了理解木材的这些特性，我们需要建立一个简单的木材形成过程的模型并详细加以说明。

树木会不断通过树皮内侧细胞的增殖产生新的木纤维细胞，形成新的木材。这些新生木材会根据生长条件以不同的速度积累。在较为温和湿润的月份，可利用的营养物质较多，细胞的生长速度较快，形成的细胞壁更大、更厚，而在较为炎热干燥的月份，细胞生长速度较慢，形成的细胞壁更小、更薄。值得注意的是，在热带条件下，季节差异很小，细胞的生长更加稳定。年度的气候条件也会产生影响，树木在干旱年份的总体生长速度会低于湿润年份。

不同生长期形成的木材被称为早材和晚材，或者春材和夏材，并且对于我们熟悉的大多数树木，其早晚材在密度、孔隙度和 / 或颜色上都存在明显差别。生长模式的年度变化被称为年轮。年轮层次之间的差异是木材纹理图案的主要决定因素。

我们通常看到的木材纹理，是在把树木切成木板时，以不同方式和角度切过生长轮的结果。不同的原木裁板方式形成的纹理外观非常不同，木板的结构特征也会有所不同。树干并不是标准的圆柱形，而是有点锥度，这一事实也影响了从树木上裁切木板时所形成的纹理图案的样式。

心材和边材

经过一定年份的生长，随着外围生长层的增加，原来靠内的生长层会在分工上从运送营养物质的角色转变为树木的结构部分，从而界定了边材（靠近树皮的活性运输部分）和心材（树木内部的结构性部分）之间的差别，这两者无论是在树木还是在木材中都呈现不同的颜色。虽然对于树木的功能而言，边材和心材的差别是显著的，并会导致新裁切的木板，其心材和边材之间的相对湿度水平相差很大，但在木板完成干燥后，这种差异主要体现在装饰效果上（见图1-10）。

弦切（平切）和径切（四开）木材

木材最常见的裁切方式是弦切（或称为平切）。弦切木板的表面一般具有拱形、V形和椭圆形的纹理图案。木板两个端面的纹理通常会保留较大的年轮曲线。

木材也可以被径切。这种裁切方式是先把圆木沿横截面切成四份，然后再把每份大料锯成木板。年轮在径切板端面的排列倾向于垂直于裁切面。其裁切面的纹理通常是直纹理，并伴有一些其他的图案（见下图）。

四开板（这个术语不太确切）是指端面的年轮与裁切面夹角在45°~90°角之间的木板。这种裁切方式得到的木板，其裁切面纹理同样是直纹理，但通常没有其他的图案。端面年轮与木板裁切面约成45°角的木板是制作桌子腿和椅子腿的理想材料，因为这种板材的四个侧面具有相同的基本纹理图案。注意，弦切板的边缘部分会出现类似径切板的纹理，径切板边缘也会出现类似弦切板的纹理。

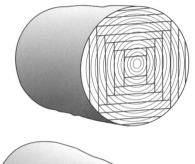

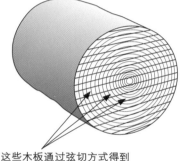

有两种常见的裁板模式，可以从原木上获得大部分的弦切板。注意，在将圆木裁切成木板时，并非所有的木板都具有相同的纹理方向。

典型的弦切纹理样式

这些木板通过弦切方式得到

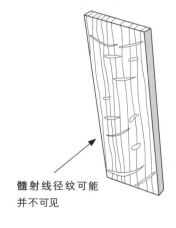

典型的径切板纹理图案

髓射线径纹可能并不可见

径切板的两种裁切模式。两种裁切模式都会产生不同类型的纹理样式

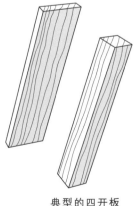

典型的四开板纹理样式

图1-10 樱桃木、白杨木和胡桃木都具有颜色差异显著的边材和心材

图1-11 径切白橡木（右）比径切胡桃木（左）具有更多的髓射线径纹

射线细胞及其影响

树木的所有细胞都不会在树干里上下移动。有一些重要的细胞从中心向外辐射生长，为树木提供水平方向的营养和水分运输。这些射线细胞的重要性和大小因树种而异，它们几乎不可见，也可能成为某些径切板的显著特征。射线细胞也会对木材产生影响，从而改变其某些特性，我们会在下一节介绍相关内容（见图1-11）。

木材形变

木材会因其含水率的变化发生显著变化。木材的含水率受其周围空气含水率变化的影响。木材会持续地释放水分到空气中，或从空气中吸收水分，以达到与环境的平衡。这是木材的基本特性，对木材加工的许多方面都有重大影响。

刚从原木上切下时，一块典型的硬木木材的相对含水量（指刚切下的湿基木板重量与完全炉干后的木板重量之间的关系）在60%~100%。对大多数木工操作来说，木材理想的含水率在6%~15%。这既可以通过将木板暴露在空气中很长一段时间来实现——通常可以得到10%~15%的相对含水量（取决于气候条件），也可以通过把木板放入特殊的窑中，通过精心控制加热和除湿流程的方式去除水分——通常可以将木板的含水率降低到6%~8%。

更完整的"稻草束"模型可以帮助我们理解水分的变化如何影响木材。"稻草"通常是管状细胞结构。当细胞壁干燥时，这些细胞结构会收缩；当细胞壁重新获得水分时，这些结构又会膨胀恢复原状。随着水分的增加，它们不会明显伸长，但会变圆。这种运动很大程度上受到从树的中心向外辐射生长的射线细胞的限制，就好像射线细胞将年轮之间的"稻草束"绑得更紧了。这意味着，大多数细胞的膨胀方向是垂直于射线细胞，或与年轮相切的。换句话说，干燥后的"稻草"的横截面会变得更接近椭圆。就总的影响而言，"稻草束"沿上述切线方向的尺寸变化最大，沿径向的变化较小，纵向几乎没有变化。

木材尺寸在不同方向上的变化差异是木材加工的一个主要影响因素。大多数家具都不是用木纤维排列方式相同的木料制作的，而是由许多木纤维排列方向不同的木料制作的。例如，桌子望板的木纤维在桌腿之间水平延伸，而桌腿的木纤维是垂直延伸的。桌面的木纤维延伸方向与其他部件都不在一个平面上。所有这些部件都主要在某个方向上膨胀和收缩，在其他方向上则变化不明显。与此同时，我们还希望这张桌子能够作为一个整体得以保持（见图1-12）。

值得关注的木材形变问题

木材形变引起的最常见的问题是木部件的移位受到限制。必须允许木部件适度移位。不能正常容纳木材膨胀和收缩的木部件必然会出现各种麻烦。木材膨胀和收缩产生的力量要超过木材本身的强度能够承受的力量。开裂的部件、崩裂的框架、裂开的桌面，以及更多的后果，几乎都是没有充分考虑木材随季节湿度的变化发生形变的结果。

横向于纹理的接合区域，长度不应超过 3 in（76.2 mm）。这是一个相当安全的接合件建议尺寸，更大的横向于纹理的接合件会由于横向于纹理的形变受到限制而易于断开或破裂。

所有的纹理彼此成直角关系的接合组件都存在一定程度的移位，但大多数木工胶在设计上都具有足够的韧性，可以缓冲部分移位产生的影响。不过，在经过几十年的时间后，大多数胶水都会因为这种不均匀的移位而失效。如果可能，你应

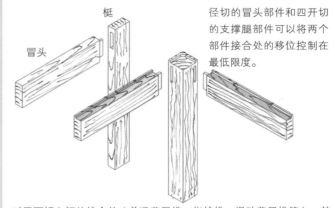

径切得到的冒头和梃部件可以将冒头榫头宽度上的移位和梃榫眼深度上的形变限制在最小。

梃

冒头

径切的冒头部件和四开切的支撑腿部件可以将两个部件接合处的移位控制在最低限度。

对于面板之间的接合件（普通燕尾榫、指接榫、滑动燕尾榫等），其两部分组件的纹理走向应当近似。例如，弦切件接弦切件，或者径切件接径切件。

当充分考虑接合件的纹理方向，以最大限度地减少这种移位。

不要以径切板和弦切板彼此相邻的方式拼接和胶合面板。当木板发生形变时，面板会由于相邻两块木板的形变方向不同而导致木板间出现嵴状凸起，并最终破坏胶合效果。

木材的膨胀和收缩是木材给我们带来如此多麻烦的主要原因，至少在湿度季节性变化很大的环境中是如此。在气候相当稳定的地区（沙漠、热带地区或者其他类似的季节性湿度变化很小的地区），木材形变并不是主要的影响因素。这些地区空气中的水分含量几乎是恒定的，而木材含水率（已经与环境湿度取得平衡）基本上与环境保持相同。至少在木材或家具搬到其他地方之前，木材的含水率可以保持不变。

木材形变还会引发其他令人烦恼的问题：木板会以各种方式翘曲、龟裂或断裂。尽管其中的一些问题是难以避免的，但大多数情况下，问题都源于人们对木材的天然特性缺乏认识。

为何木材会以这样的方式形变？虽然涉及多种因素，但在绝大多数情况下，都是含水率的问题。

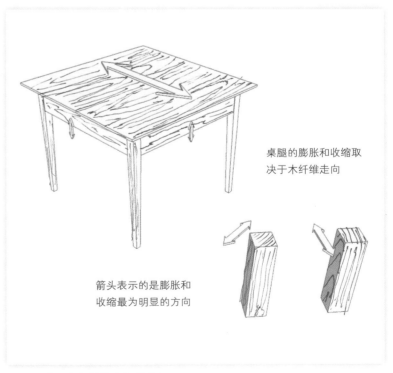

桌腿的膨胀和收缩取决于木纤维走向

箭头表示的是膨胀和收缩最为明显的方向

图1-12 桌子各部件的木纤维走向

木料翘曲

有四个描述性术语涵盖了各种被称为翘曲的形变类型，它们分别是瓦形翘曲、弓形翘曲、边弯和扭曲。每一个名词都定义了一种特殊的木材形变。遗憾的是，它们并不相互排斥，也因此出现了一些没有得到正式认可的词汇。

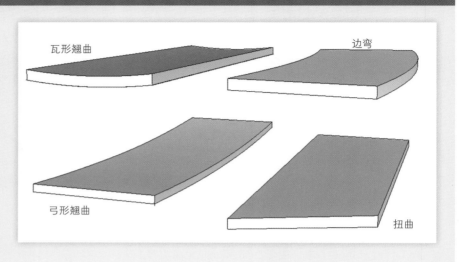

当木板的两个大面的含水率不同时，木板两个面的膨胀或收缩幅度也会不同。这种形变上的差异会使木板发生翘曲。这种现象在许多情况下都会发生，并且有些情况下并不明显。

你要如何应对木板的两个大面含水率不同的情况呢？除了把含水率较低的那一面用水打湿，还有其他办法吗？一种常用的方法是仅对木板的一面进行表面处理。如果同时为木板的两面做表面处理，两个面还是会因为处理效果上的差别发生上述情况。表面处理涂层能够为木料提供一定程度的保护，减缓（但很难完全消除）木材与周围空气的水分交换。如果木板两个面的表面处理不够均衡，当空气湿度变化时，木板一面的形变速度会比另一面更快，也就是木板一面的木纤维会比另一面的木纤维膨胀或收缩得更快。如果木板尚未固定，它就可能出现翘曲。

如果不够小心，铣削木板的过程也可能会造成水分失衡。为了理解这一点，让我们仔细研究一下木板的干燥过程。当湿基木板被放置在专门的干燥窑或进行自然风干时，木板趋向于与环境湿度保持平衡，会立即开始向周围相对干燥的空气中释放水分。此时木板端面的失水速度比侧面快得多。由于这个原因，对木板的端面进行密封是很重要的（通常使用特定类型的油漆、蜡或者其他防水的表面处理产品）。否则，木板会因为端面的收缩速度远远超过木板中间区域，导致端面开裂以释放多余的应力。将木板的两个端面密封后，大部分的干燥过程始于并发生在木板的外层，这样还有助于将木板内层的水分抽出。

最终，随着木板的含水率与环境湿度达到平衡，木板不再发生进一步的失水。然而，环境的任何变化都会导致木板重新吸收水分或失水。无论哪种，这个过程都是从木板的外部开始，并逐渐向内部延伸的。在木板没有与环境达到新的平衡之前，其内部和外部就会存在水分分布的不平衡。这并不一定会造成问题。事实上，在湿度波动较大的气候条件下，木板在大部分时间都处于这种动态变化的状态。木板可以反复经历膨胀-收缩的过程，而不会发生翘曲或扭曲。

胶合线收缩

水基胶水会给接合部位周围的木料带来一点水分，使木纤维暂时出现膨胀。随着木料中这部分水分的消散，这种膨胀会在一两天内消退。这通常不是大问题。然而，如果你黏合一块面板，并在胶水中的水分散去（通常至少需要24小时）之前将其打磨光滑，则可能会出现问题。在胶合线周围的木料还在膨胀时将其弄平，意味着随着胶水的干燥，胶合线会收缩到小于原有胶合区域的位置（胶水本身的收缩幅度大于周围木料短暂膨胀后的收缩幅度），并与两侧木料形成沟槽。这种现象在使用光亮的表面处理产品时最为明显，因为光亮的表面处理产品会加剧原有的不整齐。

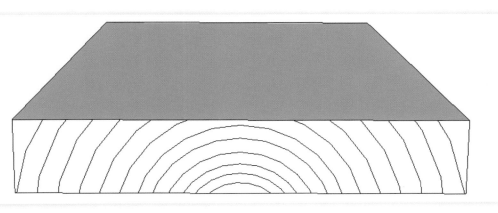

这块木板的上表面既有弦切板式纹理（中间部分），也有四开板式纹理（靠近边缘），而下表面则多为径切板式纹理和四开板式纹理。当水分含量变化时，上表面会比下表面的形变幅度更大。

图1-13 纹理的分布状况对木板的形变存在显著影响

但是，如果在加工时仅从木板的一面去除了部分木料，或者木板一面去除的木料比另一面多，那么木板同样可能处于两面含水率不同的状态并发生翘曲。木板一面是木板外部的含水率，另一面则接近木板核心区域的含水率。含水率较高的一面要比较干燥的一面失水更快，收缩得更厉害，从而导致木板发生瓦形翘曲。平衡铣削过程，从木板两面去除等厚度的木料可以避免这个问题。

你也可能遇到木质箱子内部和外部存在水分差异的情况，例如紧闭的箱子或橱柜。外部空气湿度的变化可能会缓慢地影响箱体的内部组件，对较宽的、缺乏制约的面板带来问题。让空气在箱体内部进行循环就能解决这个问题。大多数传统的设计都是为了解决这个问题提出的。我们会在本章末尾讨论这些问题。

如果木板干燥得太快，水分分布的不平衡还会引发其他问题。木板可能断裂或龟裂。当木板的一部分比另一部分干得更快时就会发生这种情况。我们已经知道，水分通过木板端面的流失速度要比通过木板侧面的流失速度快得多。如果不采取措施来控制这种自然趋势，木板端面会比靠近中间的部分收缩得快得多。在木板端面收缩的同时，与其相邻的木料部分可能仍处于吸水膨胀的状态，为了释放端面收缩产生的应力，木板端面可能会开裂。令人惊奇的是，木材收缩的力量是如此之强，以至于会破坏木纤维之间的键合，造成木板开裂。因此，在干燥木材时，标准的做法是密封木板的端面，以消除（或至少减缓）木板两端更快的水分流失，使木材可以均匀地进行干燥。

然而，即使木板的端面是密封的，过快的干燥速度仍然可能造成麻烦。加速干燥速度可能造成木板侧面的外层部分水分的流失速度明显超过其从内层抽出水分的速度，导致外层部分收缩过快。有时你会看到木板表面遍布细小的裂缝，这就是木板的外层已经收缩，而被其包围的核心部分仍然因潮湿而处于膨胀状态的缘故。

年轮方向

绝大多数从树上裁切下的木板能通过端面纹理看到年轮的曲率（某些径切板除外）。距离髓心越近的木板，相比靠近树皮的木板具有更大的曲率（更小的半径）。曲率越大，木板越容易发生瓦形翘曲。这不是水分失衡导致的问题，但仍与水分有关。实际上，具有较大曲率的木板，其两个较大侧面的纹理走向有明显的不同。曲线外侧对应的侧面会有更多沿木板表面的、与曲线相切的形变；曲线内侧对应的侧面沿木板表面的形变则较小，其纹理业已发生了显著变化，变得更接近径切板的纹理，其形变更多发生在垂直于表面的方向上。木板发生瓦形翘曲的整体趋势是，当木板失水时，端面的年轮纹理好像要试图伸直；而当木板吸水时，端面的年轮纹理好像变得更为弯曲（见图1-13）。

还有一种问题可能会出现在从非常靠近树木髓心的部位切下的木板上。事实上，那里的木材结构与从远离髓心的部位裁切下的木板有些不同，其对失水和吸水的反应也明显不同。这种木材被称为幼龄材或未成熟材，会发生严重的翘曲，应避免使用。

环境因素

树木并不总是能够长得又直又高。它们的生长受到周围森林环境、地形以及气候的影响。有时，这些因素中的一个（或多个）会影响木材生长，甚至导致其结构发生变化。此外，树木在生长过程中所承受的物理应力，例如持续的大风、生长在陡峭或有土壤移动的斜坡上产生的影响，也会使树木严重变形，并在木材中产生大量

制作木工作品的第一步——制订一个切割清单

当开始制作一件作品时，你能做的最好的事情之一就是列出自己的切割清单。这也是考虑所有纹理选择可能性的好机会。当然，有些作品包含现成的切割清单。不过，跳过这一步并依赖他人对作品的想法，你会损害自己的实践能力。制作自己的切割清单是真正了解作品的最好方法，并且对于选择合适的木材尤为重要。

制作切割清单会迫使你仔细查看作品的图纸，并仔细考虑每一个部件的设计以及它作为整件作品的一部分所发挥的作用。同时，你也可以借此机会认真思考，何种木材（或何种纹理）最适合这个部件。这是使你可以更好地开展工作的第一步。

如果你只是对木材的使用效率感兴趣，也可以基于清单做出选择。至少你会有所选择。这样你也能在脑海中对作品有一个更清晰的认识，并能更清楚地知道你的目标。

不要只限于列出清单。要在切割清单上加上说明，这样有助于你为作品的每个部件选择最合适的木材。

简易抽屉桌

数量	部件	厚度×宽度×长度	备注
4	桌腿	$1\frac{1}{2}$ in × $1\frac{1}{2}$ in × $23\frac{3}{4}$ in （38.1 mm × 38.1 mm × 603.3 mm）	四开板（木料的四个侧面均呈现直线纹理）。为侧望板和后望板开榫眼，在桌腿顶部为上横档开半透燕尾榫，为下横档制作双榫眼
3	望板	$\frac{3}{4}$ in × 4 in × $13\frac{1}{2}$ in （19.1 mm × 101.6 mm × 342.9 mm）	径切板或四开板，在部件的两端分别制作长度为 $\frac{3}{4}$ in（19.1 mm）的榫头，两榫间距12 in（304.8 mm）
1	上横档	$\frac{3}{4}$ in × $1\frac{1}{2}$ in × 13 in （19.1 mm × 38.1 mm × 330.2 mm）	把两端做成长度为$\frac{1}{2}$ in（12.7 mm）的燕尾榫，用于连接桌腿顶部，燕尾榫间距12 in（304.8 mm）
1	下横档	$\frac{3}{4}$ in × $1\frac{1}{2}$ in × $13\frac{1}{2}$ in （19.1 mm × 38.1 mm × 342.9 mm）	把两端做成长度为$\frac{3}{4}$ in（19.1 mm）的双榫头（榫头上下垂直排列，以获得最大的长纹理胶合面），榫间距12 in（304.8 mm）
1	桌面	$\frac{3}{4}$ in × 18 in × 18 in （19.1 mm × 457.2 mm × 457.2 mm）	由3~4块从同一块木板上切下的木板拼接而成。仔细匹配纹理，且每块木板的宽度应相同
1	抽屉面板	$\frac{3}{4}$ in × $2\frac{1}{2}$ in × 12 in （19.1 mm × 63.5 mm × 304.8 mm）	纹理对称；可以寻找一些纹理图案有趣的木板；半透燕尾榫接合；为抽屉底板提供止位槽
2	抽屉侧板	$\frac{1}{2}$ in × $2\frac{1}{2}$ in × $13^{15}/_{16}$ in （12.7 mm × 63.5 mm × 354.0 mm）	次生枫木，纹理均匀；为抽屉底板提供止位槽
1	抽屉背板	$\frac{1}{2}$ in × 2 in × 12 in （12.7 mm × 50.8 mm × 304.8 mm）	次生木材；相比抽屉面板少一个燕尾榫

抽屉底板使用$\frac{3}{8}$ in × 约$13\frac{3}{16}$ in × $11\frac{1}{2}$ in（9.5 mm × 约335.0 mm × 292.1 mm）的次生木材制作，纹理从一边延伸到另一边。通过开在三面的半边槽与抽屉侧板和面板的止位槽匹配

优质木材选择示例

弯曲的椅子腿在其可见纹理遵循弯曲方向时最为美观，这样的椅子腿在结构上也更好。如果弯曲的椅子腿上，纹理方向与弯曲方向相悖，会出现"短纹理"区域，这样的椅子腿在结构上要脆弱得多。很多情况下，木材的纹理图案是提示其结构的很好的线索。一扇框架-面板结构的门，使用径切板制作框架可以获得最好的视觉效果，因为径切板的纹理较为平直。而且这种木材在结构层面也是最理想的，因为它可以将榫头与榫眼之间横向于纹理的应力降到最小。

因为支撑腿的纹理走向与其弯曲方向一致，这样的支撑腿要结实得多

四个侧面都是直纹理的四开切桌腿不仅外观非常漂亮，而且可以平衡两个接合件之间的木材形变。一块纹理对称的面板对一扇门来说只是纯粹的视觉选择，这样的面板通常比环绕其周围的硬质框架更薄，便于控制翘曲的趋势，这样的结构允许面板在框架内膨胀和收缩。

这种情况应尽量避免。在支撑腿底部，纹理横向于其弯曲方向延伸，这样的支撑腿很脆弱，很容易在这个位置折断

的累积应力。这些树木可能会成一定的角度生长，也可能随着生长而弯曲。树木同样具有向光性，它们向光生长，并会对附近倒下或快速生长的树木引起的光线变化做出反应。这同样会造成木材内部应力的累积。这种不正常生长形成的木材被叫作应力木。

木材的这些受力区域因水分变化而膨胀和收缩的速度与正常的、没有受到应力的木材截然不同。内应力一般会通过木材的剧烈形变显现出来。尽量避免使用带有大节疤（承受应力的大树枝的残迹）、纹理异常弯曲（有时意味着树干扭曲生长），以及具有毛绒表面的木板。糟糕的是，一些应力木只有在你切割木板之时才会表现出来，此时木料会突然向一侧弯曲，或者紧紧贴在刀刃上。除了把这样的木料切成小块，你无计可施，而且这并不值得一试。好在这种情况并不常见。但你仍有可能遇上，对此你应当秉承"预则立，不预则废"的原则。

即使生长条件正常，树木的某些部分也可能产生在之后的加工中容易移动或变形的木材。从树干靠近主要分枝的部分锯下的木材可能具有压应力或拉应力，以及向不同方向延伸的纹理。这种木材也会引起类似的弯曲

和形变问题。

木材的视觉效果和结构特性

到目前为止，我们的讨论主要是关于木纤维的。纹理的概念局限于对端面纹理的讨论，以及对弦切、四开切和径切木板的纹理图案的简单描述。使用木纤维的概念进行讲解，更便于理解木材的基本特性。"纹理"这个术语有多种含义，有些与木材特性的讨论有关，有些则毫无关联。"纹理"的含义之一与我们一直讨论的"木纤维"是同义词。当然，纹理也用于描述从树木上切下的木板上年轮图案的显现方式、木板的整体外观（也可以说是形态）、木纤维在木板上的排布方向和各种木材缺陷等。R. 布鲁斯·霍德利（R. Bruce Hoadley）在他的著作《理解木材》（*Understanding Wood*）中列出了"纹理"一词与木工有关的 50 多种不同用法，并将其分成 10 个不同的类别。这些分类包括：长纹理、侧面纹理、端面纹理、弦切或平切纹理、径切纹理、四开切纹理、卷曲纹理、条状纹理和高度复杂的纹理。

充分利用木材的天然纹理是视觉设计和工程学的有

趣结合。精心挑选的木材纹理能够增强作品的整体视觉效果。但是，从功能角度考虑每一块木料的结构和特性也同样重要。幸运的是，大多数情况下，纹理的外观和结构是相辅相成的。

颜色变化

大多数木材会随着时间的推移变色。这可能带来令人愉悦的惊喜，因为你可能会发现，樱桃木会随着时间的推移从最初的浅粉红色变成浓郁的深红棕色。但紫心苏木或紫檀木从鲜艳的紫色或红色变成相当普通的棕色却会非常让人失望。木材变色是其暴露在光照下和氧气中，由光敏性和氧化双重作用的结果。不同木材的变色过程是不同的，但几乎所有木材的颜色都会随着时间的流逝而改变。许多木材的颜色会变深（如樱桃木、桃花心木），有些木材的颜色会变浅（如胡桃木），有些木材的颜色会变黄（如枫木、白蜡木），还有一些木材会改变色系（如紫心苏木、紫檀木）。如果长时间暴露在强烈的阳光下，大多数木材会褪色，甚至最终失去颜色，看起来就像经过了漂白一样。在你选用木材设计作品时，请考虑木材颜色的潜在变化。

使用木材——接合

传统的木工技术源于对木材特性的深刻认识。人类加工木材的传统可以追溯到几千年前。传统的接合和建造技术充分利用了木材的优点，并尽量规避了木材的缺点。现代木工技术取得了许多进步，但真正的技术进步实际上只有切割木材的方法。许多现代技术的进步只是体现在加工速度上（比如圆木榫），实际的木工接合效果是降低的。也存在少数传统技术不能满足现代需求的情况。在集中供暖系统出现之前的几百年间，与环境湿度有关的木材形变并不像现在这样重要。但我们可以从中学习，并尽量避免使用会导致问题的几种技术。

所有传统的木工接合都依赖于我们已经讨论过的木材基本特性，即木材的纤维本质及其随大气湿度变化膨胀和收缩的趋势。接合木制部件的基本原则是：

1. 木纤维要彼此贴合（端面不计入在内）；
2. 创造尽可能大的优质胶合面（纤维之间的接触面）；
3. 尽可能建立某种机械连接；
4. 设计上尽量减少木材形变的影响；
5. 避免出现短纹理（参阅第18页"为应对木材形变而改良的设计"）。

利用水汽修复凹痕

被压缩的木纤维通常可以通过吸收水分恢复原来的状态。这意味着你可以用少量的水来修复凹痕。如果把水和热结合起来，使其形成水蒸气用以修复凹痕，效果会更好。对于较小的凹痕，可以在问题区域滴一滴水，然后用电熨斗或电烙铁的尖端加热水滴。对于较大的凹痕，可以将湿布铺在问题区域表面，然后用电熨斗熨烫该区域。每次整平表面之前，必须确保木板处于干燥状态。

凹痕非常常见，但只要利用木材吸水膨胀的特性，把水分强行压入木纤维细胞中，凹痕通常很容易消除

向凹痕处滴一滴水开始修复

加热凹痕处。在本示例中，是用电烙铁加热湿润的木材，使木纤维吸收水蒸气膨胀的

主要接合类型示例和比较

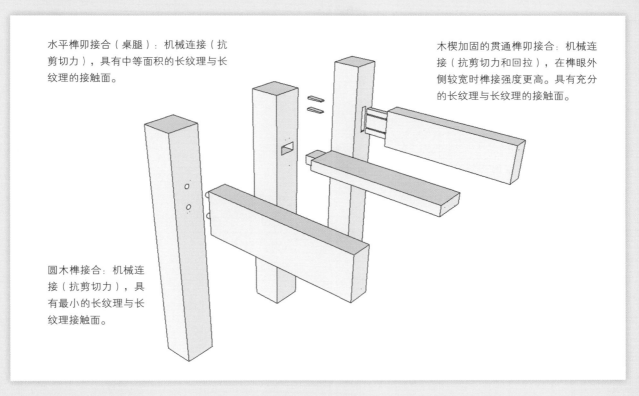

水平榫卯接合（桌腿）：机械连接（抗剪切力），具有中等面积的长纹理与长纹理的接触面。

木楔加固的贯通榫卯接合：机械连接（抗剪切力和回拉），在榫眼外侧较宽时榫接强度更高。具有充分的长纹理与长纹理的接触面。

圆木榫接合：机械连接（抗剪切力），具有最小的长纹理与长纹理接触面。

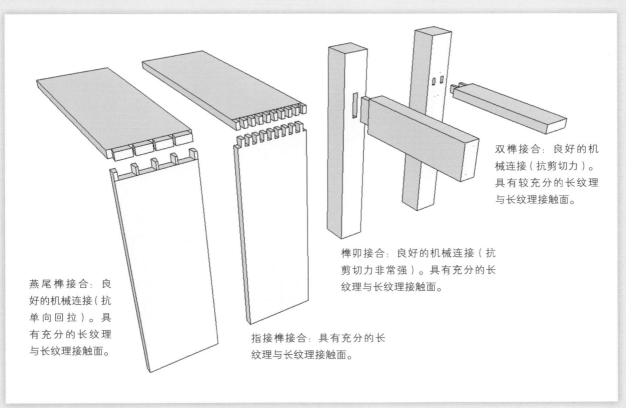

燕尾榫接合：良好的机械连接（抗单向回拉）。具有充分的长纹理与长纹理接触面。

指接榫接合：具有充分的长纹理与长纹理接触面。

榫卯接合：良好的机械连接（抗剪切力非常强）。具有充分的长纹理与长纹理接触面。

双榫接合：良好的机械连接（抗剪切力）。具有较充分的长纹理与长纹理接触面。

为应对木材形变而改良的设计

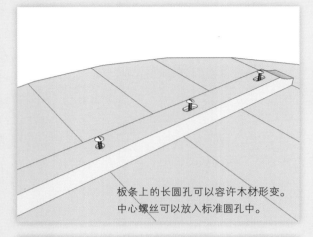

板条上的长圆孔可以容许木材形变。中心螺丝可以放入标准圆孔中。

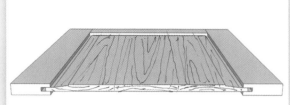

框架的凹槽留有足够的空间，可以容许面板膨胀和收缩。面板不能胶合在框架中，它必须可以自由移动。不过，可以用胶水或销钉固定其中心。

用 L 形的桌面固定栓将桌面固定到框架上。固定栓的舌头插入与桌面面板端面对应的两块望板的窄槽中。通过螺丝将固定栓固定在桌面的底面，但桌面面板仍能自由膨胀和收缩。

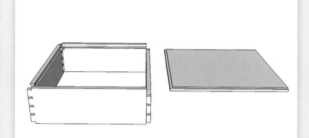

抽屉背板比面板和侧板都要窄一些。如有必要，抽屉底板可延伸到背板之外。

甚至在木材上使用钉子和木工螺丝等紧固件时，也要记住这些原则。紧固件会提供机械上的加固，但仍应遵循上述原则。

把钉子钉入木板时会发生什么情况，取决于钉子的形状、钉子与木纤维走向之间的关系，以及钉子钉入木板的位置。大多数情况下，钉子的尖端会切开或楔入木纤维，然后弯曲并压缩木纤维，以便为钉子进入木材腾出空间。

在用钉子把两块纹理互成直角的木板钉在一起时，应使用一颗以上的钉子，而且你要注意横向于木材纹理的形变问题。钉子可以通过压缩周围的木纤维以及稍微向外拉出一点来容许部分木材形变，但随着时间的推移，

这种适应会使钉子松动。

螺丝可能更适合把木板固定在一起，但前提是你要从侧面将螺丝拧入木纤维。它们容许木材形变的幅度有限，因为尽管螺丝可能会压缩相邻的木纤维，但并不能轻易地将木纤维从正在发生形变的木板中挤出。在用螺丝将木板固定在一起时，释放横向于纹理的形变的最好方法是，根据螺丝头的大小，在木板上制作一个长圆孔（见本页图片部分内容）。

虽然螺丝不太容易拔出，但并不意味着它们不会随着时间的推移发生松动。螺丝（和钉子）不会随着季节而变化，但毫无疑问木板会。当木材在环境湿度大的月份膨胀时，木纤维也会膨胀。由于紧固件不能完全容许

这些形变，所以木材（尤其是螺纹之间的木材）必须被压缩。当木材重新收缩恢复原状时，紧固件会因为木材的收缩和被压缩的木纤维而松弛。

旋进端面纹理的螺丝是一个问题。这是因为螺纹实际上会把端面的木纤维切成很短的小段。然后这些小段木纤维会面临典型的短纹理问题，它们很容易被剪切力破坏。这尤其容易发生在螺丝被拧得太紧或者螺丝受到外力被拔出的时候。因为我们通常使用螺丝的目的就是抗衡剪切力，所以不建议将螺丝旋入端面纹理中。有一种变通的解决方案：在想要从木板端面拧入螺丝的接合件上，开一个贯通木板正面和背面的圆木榫孔，插入圆木榫，然后再从木板的端面将螺丝拧入并使其穿过圆木榫（见图 1-14）。

如果靠近木板的端面使用紧固件，任何一种紧固件都可能将木板撕裂。比紧固件问题更严重的是短纹理，相比压缩木纤维以腾出空间的钉子，它导致木板撕裂的可能性更大。

应对木材形变问题

应对木材形变最好的方法是，从一开始就将其考虑在内。这一过程甚至经常在你购买木料之前就开始了。你应该仔细查看作品的平面图（或你的设计），确定每个部件选用何种纹理的木料效果最佳，无论是在视觉上，还是结构上。制作一份切割清单，注明每个部件理想的木材选择，这样当你开始挑选木板的时候，你会非常清楚你真正需要什么，以及每块木板在作品中的用处。

你应该寻找什么？尽量避免使用极可能出现问题的木材。检查端面是否存在明显的年轮曲率，以及其余部分是否存在不规则的纹理。你的目标应该是选择纹理较

为笔直且分布均匀的木板（除非出于外观的需要，你想要一块纹理图案高度复杂的木板）。检查每一块木板的边缘是否平直。有时，如果你打算把木板切成小块，可以选用整体呈弓形弯曲的木板。你希望某些部件具有特定的纹理方向吗？一定要预先在脑海中设想好如何切割木板（或者快速画个草图来描绘你的意图），看看是否可以得到你想要的坯料。随着经验的积累，你会更容易确定，如何从木材中得到你想要的东西。例如，较宽木板的外边缘最适合制作桌腿，因为其端面纹理通常是以 45° 左右的角度延伸的，并且桌腿的四个侧面都是非常笔直的、四开切的纹理。

你还应该让选用的木材适应家具制成后所摆放环境的基本气候。如果你的工房配有气候控制系统，可以简单地把工房里的木板堆叠起来，并在木板间垫上间隔木隔开，使空气可以在木板周围自由流通——这个操作叫作间隔木堆叠（stickering）（见图 1-15）。如果你在潮湿的地下室、室外棚屋或其他与典型住宅条件不同的空间工作，最好以可控的方式让木材适应新环境（除非就准备把家具放在潮湿的地下室）。在你开始使用木材之前，应将其放置 1~2 周时间，使其可以与周围的空气达到平衡，这样以后就不用因为木料发生形变而头疼了。

随着你将木材铣削到合适大小，木材往往会释放出一些固有的应力。如果出现了一些额外的形变，不要惊讶，因为这经常发生，你可以在开始铣削木材时保守一些，为其保留一些余量，静置几天使其稳定，然后再将其铣削到所需尺寸。这种分步铣削的工艺并不是每件作品的每个部件都会使用，但是对于关键部件（门框或任何其他需要保持平整的部分），你一定要预先规划好该工艺的实施。

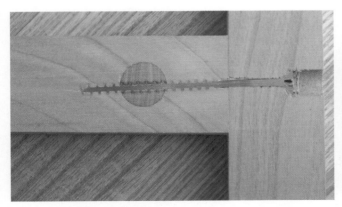

图 1-14 通过为螺丝提供可抓取的长纹理区域，这个横截面上的圆木榫大大提高了螺丝的接合效果

图 1-15 像这样利用间隔木垫起并堆叠一堆木板，可以让空气均匀地在所有木板表面流动，从而实现水分的均匀交换

2 正确使用身体

你有没有想过，你应该如何站立在工作台前？这对进行精准操作的能力来说，可能比工具的质量更为重要。这是为什么呢？因为在木工操作中，最重要的工具是你的身体。我们的身体是复杂的"机器"，由"杠杆""滑轮""支点"和"铰链"组成，可以增强你使用工具的能力，也能削弱你的这种能力。因此，如何正确使用身体实际上比你拥有任何外部工具都更为重要。

你对自己的身体能够发挥的作用有多少关注？这并不是说你需要增加肌肉或者增强耐力，而是强调平衡、力学效率、对准、正确发力和增强操作控制能力的方法，都是充分利用身体和提高操作水平的关键。

有些人似乎能够毫不费力地掌握一件新工具或一项新运动，而有些人学习这些新事物则要困难得多。学习新东西更快的人往往对自己的身体及其运作方式有更好的认识。对于少数天赋资质俱佳的幸运儿来说，这种身体意识似乎是与生俱来的，但无论你的起点如何，这种能力是可以学习和提高的。

木工操作的质量完全取决于控制过程。你需要最大限度地驾驭工具，才能获得最好的作品。此外，在加工一块木料时，你的几乎所有操作都涉及对工具或部件施加一定大小的力，以完成木料的切割、定型或整平抛光，得到最终形状的部件或作品。重要的是如何有控制地运用力量，关键在于如何定位身体与工具或部件之间的位置关系。如何在所需身体姿势下使用身体，会直接影响你能施加的力量的增减，进而改善或妨碍你对动作的控制过程。

动作

想要提高运动成绩的运动员会反复训练动作，以找到最有效、最适合发力且可控的身体使用方式。运动科学对很多成功运动员的研究表明，某些跑步方式，挥舞棒球棒、高尔夫球杆或网球拍，扔棒球，打篮球，以及骑自行车等运动都可以促进运动成绩的提高。经过反复练习，运动员可以确保理想的动作成为其运动过程的自然组成部分。

虽然木匠很少谈论动作，但它对于木工操作同样重要。如何运用身体影响着你要做的每一件事。正确使用身体可以帮你提升安全性、控制力、力量和操作准确性，错误地使用身体则会大大增加实现这些目标的难度。而且，这一点不仅适用于手工操作，同样适用于机器操作。无论使用台锯、平刨、电木铣，还是使用凿子、手工刨或开榫锯，良好的动作同等重要。在使用机器时，动作正确与否还与安全性息息相关。

身体平衡

一个平衡的身体姿势是大多数木工操作的起点。这个姿势应该能够让你在任何需要的操作中保持身体平衡。显然，当你双脚并拢直立站立时，你不会摔倒。但这是一种静态姿势，并不能使你在一系列的动作中保持身体平衡。因此，木工的基本起始姿势是一种更为灵活的站姿，即双脚前后分开，其间距与肩同宽，前面那只脚正对前方，后面那只脚向一侧外展45°~60°（见图2-1）。你的膝关节应稍稍弯曲，髋部前伸。这很像许多运动项目中的中立站姿，一种基础姿势。我的儿子是一名狂热的跆拳道选手和教练，他告诉我这种站姿与他的基本格斗站姿是完全相同的。这种"基本的木工站姿"是能够满足你在所有方向上进行大幅度的动作，同时保持身体平衡状态的良好姿势。你在木工操作过程中所做的几乎每件事都会从中受益。

当平衡站姿对特定的木工操作不起作用时，你该怎么做呢？如果可能，你应尽量靠近部件，这样身体就不会偏离平衡点。你还可以添加一个稳定点，帮助身体维持平衡。这在使用木工桌进行操作时很常见，并且同样适用于使用位置固定的电动工具进行操作的情况。借助木工桌支撑身体，并在完成某些类型的操作时，你可以前倾身体，以实现更好的对准或发力（见图2-2）。靠在平刨或台锯的边缘，你可以在施加适当的力完成切割的同时保持身体平衡。对于这些机器，这样做似乎违反直觉，因为你可能会忍不住退后。但实际上，这样的姿势才会让你处于更加安全的位置。

当然，这种方式也不总是有用，在某些情况下，你也可以用脚勾住木工桌的一条腿或底座。这可以帮助你

在某个特定的方向上保持身体平衡或者维持完成操作的能力，使你可以更好地控制身体。

你还应该记住，可以通过调整部件的位置来保持良好的身体姿势。这一点很容易理解，但却常常被忽视。花费几秒钟时间移动、旋转、抬高或放低部件，可以让你省去通过扭动身体来调整获得合适操作姿势的麻烦。你的腰背疼痛会因此减轻，甚至你的操作准确性也可以得到提高。养成关注身体位置与部件之间相互关系的习惯。时刻牢记这一点，你就会发现，调整部件位置比扭动身体调整姿势要容易得多。调整部件位置通常也更为有效，并使操作更加准确。

永远不要偏离平衡点操作。如果身体失去平衡，会导致严重的操作控制问题，以及更为重要的安全问题。

动作平衡

你不太可能在工作时始终保持同一姿势。动作也是工作的重要组成部分。正如你预料的那样，你的动作，无论是在使用工具还是加工木料时，都应是流畅、平稳、平衡且可控的。这意味着，你需要的不是单纯的走路，简单的站立，而是像站在木工桌前时那样的一套动作。保持动作的平衡性，尤其是在控制木板或工具的同时移动身体时，需要将身体重心平稳地在双脚之间来回切换，并保持重心放低（通过弯曲膝关节实现）。这有助于你施加稳定持续的压力，使一块长木板可以紧贴在台锯的靠山上，或者保持手工刨抵紧木工桌上的木板。

身体移动方式

身体运动的机制也是影响木工操作的因素。关节只

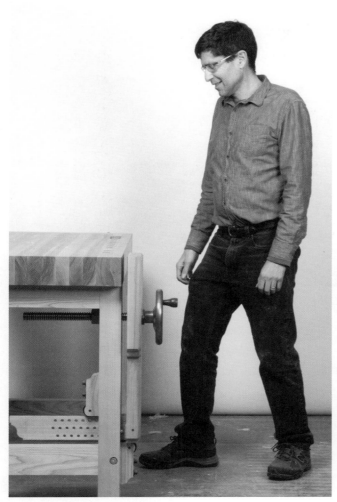

图 2-1 基本的木工操作站姿

图 2-2 把腿撑在木工桌或工具上，你可以获得更好的稳定性

能以特定的方式旋转，或者作为枢轴扭动或转向。例如，肘关节是一个非常复杂的铰链结构，可以使前臂围绕肘关节的轴在相应平面上转动，也可以使其在一定范围内自我旋转。肩膀也可以在肩关节允许的范围内旋转和绕轴转动。每个关节都会对你的运动方式产生特定影响。

你需要考虑这些关节的功能和动作幅度的限制是如何影响你在操作时的动作的。只要你能了解身体以特定方式运转的自然趋势，就可以通过调整动作来最大限度地避免出现问题，或者利用特定的身体力学机制来确保更精确地进行操作。

基本的木工操作姿势

　　基本操作姿势不会改变木工操作的本质，大多数优秀的木匠在其大部分操作中依赖于基本的木工操作姿势，是因为它确实有效。基本的木工操作姿势适用于大部分木工操作，它不仅适用于凿子、手锯和手工刨的操作，而且适用于使用台锯、平刨、带锯和其他电动工具完成的操作。

　　并不是任何时候都需要使用基本的木工操作姿势。不过，想要充分利用身体往往依赖于某些特定的方式，基本的操作姿势就是其中之一。无须马上改变你的操作方式。但是，随着你开始注意正确的身体使用方式，你会发现，这种姿势会使你处于最佳的操作位置，同时可以使你更有效、更有力、更准确地使用身体。

例如，当你通过左右横向移动的方式打磨木板时，你应该意识到，手臂在左右运动时，其自然的运动路径是一条弧线（见图2-3）。这就是以肘关节或肩关节为轴转动手臂时的运动方式。以这种弧线运动方式移动砂纸进行打磨时，会在木板表面留下一些横向于纹理的划痕。认识到这个问题之后，你可以通过增加肘关节和腕关节的运动来调整和修正动作，以获得更接近直线的运动路径（这需要一定的专注度和练习）。或者，通过改变部件的固定方向或你自己站立的方位，将操作调整为前后来回打磨，而不是左右来回打磨。前后运动模式是一种自然运动趋势更接近直线的操作方式。

图 2-3 围绕肩关节的自然转动趋势会导致砂纸的路径呈一条弧线

然而，这种前后运动的模式并不能解决所有问题。当你在一个表面上前后移动你的手时（向着远离自己的方向），手的角度会发生变化：当你的手靠近身体时，腕关节的弯曲幅度会变大，而当手远离身体时，腕关节倾向于伸直。当你用砂纸打磨的时候，这并没有什么影响，但如果你在徒手研磨刀刃，斜面的角度很可能因此而改变。同样有一些方法可以解决这个问题，那就是保持上半身不动，依靠增加双脚的前后移动修正动作。

在使用划线规时，同样可以利用手臂围绕关节的自然转动。当你使用划线规拉向身体进行画线时，自然的趋势是，划线规越靠近身体，画线的阻力就会越大。通过围绕手臂关节的转动调整动作，就可以减少划线规吃入木料的力度，使其可以正常滑动。

力度、控制和调整

很多人习惯于把发力和控制看作不同的过程。这是有道理的。大多数情况下，力量通过下半身发出，而控制通过手和手臂完成。不过很显然，在木工操作中，这两个过程并不是完全孤立的。由下半身施加的力必须经过核心区（腹部和腰部）传递到躯干，然后继续经过手臂和手才最终到达手指。把发力过程和控制过程看作身体不同部位独立完成的工作，能够帮助你对身体进行适当的调整。

连接力和控制的最重要的一个因素是正确对齐。身体与部件正确对齐有助于避免力量的浪费，从而提高操作效率。可以想象，当你试图推动一件重物时，你会直接站在其正后方，将其向着目标方向推动，而不是从侧面的某个角度推动重物，使其偏向一侧运动。如果身体没有与部件处于合适的对齐状态，肌肉就需要额外做功，以矫正关节角度的偏差。

对齐对于操作的准确性至关重要。可以把关节看作一系列为运动提供灵活性保障的连接。但这些连接也会带来许多难以控制的动作。当然，这些动作是可以学习的，而且在某些情况下，你不得不使用它们（比如，在箱体的狭窄空间内操作，或者在很难发力的角度进行刨削等）。减少需要控制的关节动作的数量会使准确度的控制变得容易得多。减少无效做功（会使操作难度增加）也可以提高准确度。在任何情况下，操作越费力，就越不易保持准确度。

未对齐会导致动作不准确。如果你试图用手锯准确地锯切，你需要让锯片沿着一条笔直的线来回移动。如果你的前臂没有与锯片的背面在一条直线上，你的肩膀和手腕将不得不通过持续地改变角度来修正动作（也白白耗费了不少能量）（见图2-4）。尽管这样做也可以获得直线锯切的效果，但很显然，保持前臂与锯片对齐，操作会容易得多，这样你只需在同一平面内移动肩膀，同时稍稍弯曲肘关节（见图2-5）。完成正确对齐的运动自然是直线的。这样做还有一个额外的好处，即力量可以直接通过手腕传递到锯片上，不会因为手腕的弯曲损失力量。

图 2-4 我的前臂没有与手锯在一条直线上，这就意味着，我在锯切时不得不通过旋转手腕和肩膀完成操作

图 2-5 如图所示，我的前臂与手锯呈一条直线，实现了正确的对齐。为此，我需要稍微侧身

保持身体部位与工具对齐进行操作，其重要性不仅体现在手锯的使用上。这个原则同样是操作平刨和台锯，以及使用凿子、刨子和许多其他工具的关键。

发力

我们已经确定，如果想要有效地施力，四肢处于正确的对齐状态是很重要的。但这个力量是从哪里来的呢？这取决于你要进行的操作。但大多时候，参与操作的身体部位要比你想象的更多。一般原则是依靠较大的肌肉或肌群进行发力。

因为下半身拥有身体最强壮的肌群，可以坚持很长时间，可以充分加以利用。这也是你需要一个平衡的身体姿势和可控的身体动作的另一个原因。实际上，无论是用手工刨刨削，还是把木板推过平刨，大部分做功是由下半身完成的。如果将下半身的发力用于整体运动，即使是手工研磨也能获得更好的效果。为了充分利用这

发力的基本原则

- 利用你的体重和恰当的姿势，而不是力气。

- 使用大肌肉而不是小肌肉。

- 要善于改变你的姿势或部件的位置，这样你就可以更好地利用前两个原则。

- 尽可能地发现和利用身体的力学优势。

- 量力而行。

- 不要超出需要发力（会影响操作准确性）。任何需要用力推拉的时候，尝试一次性切除过多木料或者你对正在做的事情感到紧张，都会影响你的操作准确性。同时兼顾用力和准确性是极其困难的。

图 2-6 用机器切削得过于用力（或过快），会导致切面非常毛糙。如图所示，前面的木块因为用台锯切割过快导致切面毛糙，而后面的木块因为切割速度适当所以切面较为整齐

一点，你需要平衡的身体姿势。

当然，发力并不总是源于下半身。使用凿子进行的削凿操作就是通过上半身发力的，当然，并不单纯是手或手臂发力，发力的过程是从肩膀起始的。如果可以通过弯曲腰部来适当转移上半身的重心，操作效果还要好得多。

防止用力过度

操作的力度和准确度是很难兼容的。这并不是说在工房懒散地工作可以提高准确性。但在准确性更为重要时，你的确需要放松身体。这一点在使用凿子的时候很容易看出来。如果你每次都想凿掉更多的木料，很可能

会在用力凿切木料的过程中出现偏差。你很可能会压碎或劈裂木料，有时甚至会毁坏部件。每次削凿或切削较少的木料可以获得更好的可控性和准确性。当你只是在去除木料，并且部件对准确性的要求不高的时候，你当然可以生猛一些。但如果操作很重要，你需要放松下来，以提高准确度。

同样的，在使用机器时，力度和准确性也是不可兼容的。用力握持部件意味着你对它的控制能力会降低。更重要的是，如果你过于用力地推动机器或刀具操作（例如，切削过快或切入过深），也会对切割质量和精度产生影响（见图 2-6 和图 2-7）。你必须注意分辨机器施力过大的时机，只要意识到问题所在，你应该就可以很

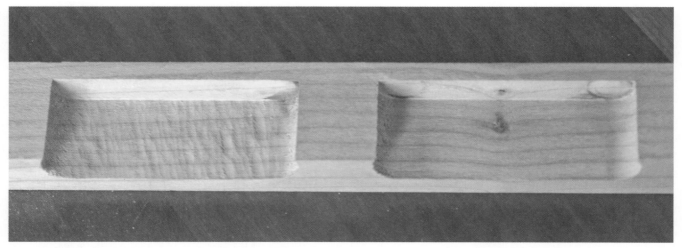

图 2-7 使用电木铣铣削时过于用力，导致图中左边的榫眼（纵向切成两半）产生了可见（榫眼内壁粗糙的表面）和不可见（通过测量发现宽度增加）的问题。图中右边相同尺寸的榫眼则是用电木铣以适当的速度进行铣削的

快发现如何做是有效的，如何做是无效的。

增强控制力

如果较大的肌肉和肌群提供了操作所需的大部分力量，那么你的手指、手和前臂就可以专注于掌控控制力。大多数情况下，你的手指和手无法做到二者兼备。

控制包含很多不同的方面。有对工具位置的控制，这对凿子的操作来说非常重要；有对工具握持角度的控制，这在进行研磨或凿切操作时至关重要；还有压力分布的控制，这是成功使用手工刨的重要组成部分。所有这些控制都没有秘诀，但有一些共同点：控制需要专注，以及正确的手部和身体姿势。

对位置的控制是最简单的。我们从很小的时候就开始训练用自己的双手去完成精细的工作。写字需要非常精确的控制，利用它来训练控制技巧是个好主意。用一只手（不一定是你的惯用手）提供所需的控制，此时握持工具的方式或多或少类似于握住铅笔的手法，需要靠近发挥作用的一端。另一只手通常与上半身作为一个整体提供必要的辅助力量。尽可能让负责精细控制的那只手支撑在部件表面。你不会把手悬空在纸上写字，所以也没有理由用这种方式控制凿子或其他类似的工具（见图2-8）。为了准确地控制角度，你必须保持正确的姿势。这不仅与你的手相关。通常你需要保持上半身锁定，同时保持一条或两条手臂的肘部和前臂紧贴身体。

压力分布的控制对手工刨的使用非常重要，但这种控制最难体会，因为它不是肉眼可见的，而是一种感觉，你需要通过努力训练才能形成。幸运的是，有一些简单的练习可以帮助你。保持身体姿势仍然是关键。

试着将一块厚 ¾ in（19.1 mm）、宽 4 in（101.6 mm）或 5 in（127.0 mm）、长 8 in（203.2 mm）的短木板抵在木工桌的限位块上刨削其侧面（见图2-9）。你会立刻发现，当你刚开始刨削时，需要用力下压手工刨的前端，当刨削至木板末端时，需要更用力地下压手工刨的后端。你还需要保持手工刨左右平衡。就这样坚持练习，直到可以在不弄翻木板的情况下完成刨削。

另一种可以有效训练手部压力控制的练习是用细刨刨削一块凸面木板（见图2-10）。随着使用的手工刨尺寸变大，这个过程会越来越难。为了保持手工刨持续切割，你必须不断调整双手之间的平衡，尽可能得到长而连续的刨花。

当你开始施加压力时，控制力往往会溃散。这就是

图 2-8 像握铅笔一样握住凿子

图 2-9 将一块短木板立起顶在木工桌的一块限位块上刨削其侧面，是学习在刨削过程中保持平衡和压力分布的好方法

图 2-10 当你沿直线刨削一个凸面时，为了保持刀刃紧贴木料，你必须学会平衡双手作用在手工刨上的压力

身体的其他部位也非常重要的原因。如果你想通过小心控制上半身的姿势来保持操作的准确性，那就必须依靠自身体重或来自下半身的力量。将刨削操作限制在必要且不会影响控制的范围内也是非常重要的。

尽管力量和控制通常是由身体的不同部位主导的，但它们是同时发生并且相互依存的。幸运的是，将不同类型的动作组合起来使用并不困难（就像老人也可以边走路边说话那样）。即使开始时有些困难，你也能很快习惯这种模式。如果你觉得需要同时考虑的事情太多，那应该把力量相关的动作安排在首位，并多练习几遍。一旦你达到熟极而流，不需要过多思考就可以正常运用力量的程度，就可以专注于真正需要注意力的方面——控制力。

有些操作似乎需要同时专注于施力和控制。我的脑海中立刻浮现出用台锯和平刨处理木板的情景。这两种机器不仅要求稳定的进料速度，而且需要改变手的位置，并在不太理想的对齐姿势下施力。面对这种力量运用比较别扭的情况，只需练习几次（在关闭机器的情况下做几次测试）就可以习惯。

限定操作范围

当待加工的部件远离躯干的时候，控制力、准确性和力量都会减弱。离得越远感觉就越清晰。所以，应该把你的绝大部分操作限制在身体周围较小的区域内，以保证你的力量和控制力都处于最佳水平。最佳的操作位置关系是部件不会紧贴你的躯干，但非常靠近。你会发现，此时你的肘部不会远离身体，除非你需要完成某些长程操作。你可能需要花点时间进行测试，找出最适合你的操作范围。

仔细观察本书第56~61页用手工刨进行刨削的照片。注意，尽管我的刨削动作很大，但是发力手一侧的肘部从未远离我的身体。

当然也存在例外的情况，但要比你想象的少得多。

正确的位置和高度

部件的放置位置非常重要，一个合理的位置可以使你舒适有效地完成任何操作。这条建议很重要，但很容易被忽视。这是你需要一个合适的木工桌或工作站的主要原因之一，它们便于灵活地放置和固定各种样式的部

图 2-11 诺登可调节木工桌可以使你灵活地在任何所需高度完成操作

件。工作高度同样非常重要，但它似乎更容易被忽视。

不同的操作最好设置不同的高度。例如，通常最适合刨削操作的高度是，当你将手臂自然保持在身侧站立时，指关节与手腕之间的高度。这个高度允许你在刨削时有效地利用自身体重和下半身的力量。但是对于接合件的刨削，这个高度可能太低了，因为刨削接合件时将操作高度保持在胸腹之间会更舒服，并能更好地保证精度。这样的高度便于你调整身体姿势，很好地完成锯切、测量、标记、凿切和铣削等操作，且无须一直弯腰或给背部施加压力。某些精细操作所需的最佳操作高度甚至更高，会达到胸部的高度。在正确的高度进行操作可以减轻背部和颈部的压力，可以使你看得更清楚，在对特定目标施加适当的力量或有效控制时也更游刃有余。

要如何才能在这些高度快速和轻松地完成操作呢？

最简单的方式就是拒绝任何改变，继续像原来那样操作。人体的适应性很强，你可以做得很好，至少在短时间内是这样。但时间长了，你会逐渐感受到在不理想的高度进行操作所带来的影响，并且随着年龄的增长，这种感觉会变得更强烈。

大多数木工桌都采用了折中的设计，因为每个人的身体尺寸有很大差异，且各种操作需要的理想高度也是千差万别。没有所谓的万能木工桌。不过，有些木工桌的高度是可调节，可以根据需要升降。诺登（Noden）可调节木工桌既可以作为一个功能齐全的木工桌使用，也可以只作为一个基础工作台使用（见图 2-11）。诺登木工桌很牢固，并且可以通过棘轮系统方便地升降。如

图 2-12 定制的木工桌（可以把一个小型木工桌夹在其台面上）能够固定精细部件，并为其提供一个高度理想的操作面

果你的工房空间足够大，可以放置多个木工桌，那么配置单独的刨削工作台（台面相对较低）和制作接合件的工作台（台面相对较高）是不错的方案。也许最好的解决方案是制作（或购买）一个工作台面：可以把一个小型木工桌或一组辅助台钳夹在上面，用来在需要更高的操作高度时固定部件（见图 2-12 和图 2-13）。

你也可以使用高度合适的凳子，使自己处于一个相对于部件较为舒服的高度。但是，坐着可能会影响你的操作能力，只有在站着操作时，你才能从良好的对齐关系以及较为强壮的肌肉提供的力量中获益。

无论选择哪种解决方案，都应保证简单快速地完成切换。没有必要每个操作都要调整高度（不改变当然可以），但如果某个操作需要的时间较长，为了避免对背部或颈部造成伤害，调整还是有必要的。你还可以借此把操作看得更清楚，并使动作更可控。

保持放松

在试图学习一种涉及身体运动的新方法时，紧张是很正常的。时刻提醒自己应该放松并不总是有益的（尽管有时会有帮助）。你可以试着把任务分解，然后按顺

图 2-13 使用木工桌工艺（Benchcrafted）公司生产的莫克森（Moxon）台钳将木板固定在理想的高度以制作燕尾榫（或执行其他操作）

序加以熟悉，直到你可以毫无压力地完成任务。将训练肌肉记忆与要求准确性和细节的操作分开进行尤其有用（具体做法参阅第 11 章），也不要立即强求准确性。准确性来自几个方面：正确使用身体；没有多余的动作或感到身体紧张；准确找到待切除部分的意识（参阅第 7 章）；尝试找到将上述要点组合在一起的最佳方式，然后再开始练习（有时甚至需要大量的练习）。就像如果没有经过多年的练习，大多数人都不能在高尔夫球场打一场像样的比赛那样。不要给自己增加无谓的负担，也不要期望马上就能做出完美的燕尾榫接合件。学习木工技术不会像学习打高尔夫球那样花费很长的时间，但它确实需要良好的身体姿势、对需要做的事情有清晰的理解以及大量的练习。

一旦开始了解如何正确使用身体，并理解在完成特定操作时需要做些什么，你就可以找到完成它的最佳方法。为此，你最好多尝试一些方法。因为每一块木料，每一项操作和每一件作品都会有所不同。当然，只要你知道应该做什么，并注意身体完成（或没有完成）操作的方式，你就有能力进行快速调整，使自己走在正确的道路上。

3

学习更细致地观察

用眼睛收集信息与你接下来理解和处理这些信息存在巨大的不同。为什么会这样呢？

为了理解视觉世界，我们从婴儿时期就开始学习通过眼睛获取视觉信息，并识别它们。我们学到了某些图案和形状代表椅子、桌子、狗、猫或某个人的脸。我们还获得了用最少的视觉数据做出这些判断的能力。换句话说，我们学会了走捷径。我们不需要关注一个人脸上的每一个雀斑或毛孔就可以认出他，很可能我们甚至没有注意到这些特征。这非常好。没有必要浪费大脑的处理能力去检查一个物体的所有细节来识别它是什么，或者它会如何影响我们。

但这也意味着，我们会忽略大量可用的信息。作为工匠，这些信息大部分是有意义的。所以我们有必要学习更细致地进行观察。在某些情况下，我们还需要学习如何透过现象看本质。

实际上，看和观察是不同的，但两者对木工操作来说同样重要。学习看得更清楚归根结底是个技术问题，比如改善照明条件、选择更好的视角，以及必要时使用镜片矫正视力。这也是你真正看到了什么的问题。观察不仅在于你要积极地寻找观察对象，更重要的是你需要对观察到的内容进行解释。这意味着，你需要丰富的知识，并提高对各种问题的认知能力。

这是一种可以后天习得的技能，练习得越多，收益就越大。这对你来说是个好消息，因为提高看和观察的能力对于精进木工技术是至关重要的。

照明

　　良好的照明对于完成操作非常重要。随着你的年龄增长，它会变得越来越重要。因为视力会随着年龄的增长而衰退，因此，为了能够把操作看得足够清楚，你需要的照明强度会越来越高。你还要注意，年龄增长造成的视力下降并不会掩盖成品中的问题，只是让你在操作过程中更难发现它们而已。

　　随着年龄的增长，充足的照明会变得越来越重要，灵活的照明方式是你获取帮助的主要途径。除了悬挂在天花板上的典型日光灯组，我也非常喜欢可调节式照明设备。这是一种摇臂式台灯，可以轻松移动和进行调节，还可以以各种灵活的方式进行安装。我的大多数木工桌都有一些 ½ in（12.7 mm）直径的孔，可以把台灯的底座插头插入其中。我还制作了一些带有 ½ in（12.7 mm）直径插孔的木工桌限位块，可以先在限位块上安装台灯，然后再将台灯组件插入木工桌的任意孔中（见图 3-1）。对于其他位置，我用一套带有 ½ in（12.7 mm）安装孔的木制螺栓夹板固定台灯（见图 3-2）。也可以根据需要将它夹在其他的木工桌、橱柜或工具上。这些工具能够让我把台灯固定在最

图 3-1 把摇臂式台灯的插头安装在带有 ½ in（12.7 mm）直径安装孔的木工桌限位块上，这样我就可以将台灯固定在木工桌上任何需要的位置

图 3-2 这套木制螺栓夹板带有 ½ in（12.7 mm）直径的安装孔，因此我可以把台灯固定在任何可以固定夹子的位置

工作环境照明指南

虽然大多数人会为他们的工作环境配备一组刚刚够用的照明灯具，但在基本照明方案上多投入一些精力和钱还是有必要的。好的照明强度应该达到 50~75 英尺烛光（英尺烛光是衡量光强度的标准单位）。这可能比平均的环境照明要亮一些。网上有很多免费的照明计算器，可以帮助你计算需要多少灯具才能获得这样的环境亮度。

合适的位置，使我在任何情况下都能获得充足的照明。

为什么这种灵活性如此重要？相比来自头顶的光线，距离很近的斜向射入光线具有更好的反射效果，能够展示更多的细节。比如，在这样的光线条件下，模糊的划痕、不规则的边缘和表面问题都会变得非常明显（见图 3-3 和图 3-4）。需要注意，这些问题在经过表面处理后大多会变得更为明显，即使是非常细微的问题，也很容易通过光线的反射体现出来。重要的是，你要充分利用这种反射光线来检查和发现部件中的问题。

可调节的光源还便于你控制阴影的范围。如果画线隐藏在某个工具或部件的阴影中，你可以轻松地移动光源使其清晰呈现。当你把台灯放在离部件很近的位置时，还能在无形中提高操作的精确度和视觉清晰度。

图 3-3 距离很近的斜向射入光线能够清晰使木板表面的所有瑕疵显现出来

图 3-4 来自头顶上方的光线形成了较强的漫反射，因此显现出的细节很少

视觉

视角

想要发现更多细节，最简单的方法之一就是改变你的视角。你选择的观察视角往往决定了你能看到多少。要做到这一点，你需要全方位地审视你的部件。在这个过程中，你会发现之前没有意识到的关系和比例问题，以及在刨平、表面处理或细节处理方面存在的问题，如果从未换到其他角度观察部件，很多问题可能根本发现不了，你也就不用"烦心"。但既然可以从各个角度进行观察，那你在操作过程中当然应该围绕部件走一圈，从所有方向对其进行观察。不要以为只要将部件放在台面上就万事大吉了。

一种不太引人注意的可以观察到更多细节的方法是选择低视角进行观察。低视角下的观察可以使打磨划痕和其他表面缺陷无所遁形，并能更好地判断木板是否平直，以及部件的曲线是否流畅自然。为了获得最佳的观察效果，可以进一步把低视角和靠近部件的小角度光线结合起来。这样一切问题都会无所遁形（见图3-5）。

优势眼

立体视觉的优势非常明显。深度知觉是双眼处理视觉信息存在细微差别的结果。如果一只眼睛的视力存在任何问题，冗余信息也能提供帮助。我们所做的几乎每件事都得益于将从双眼获得的图像信息整合拼接为连贯且信息丰富的画面的能力。但是对于某些木工操作，来自双眼的信息之间存在一些冲突。这是两只眼睛从不同的角度观察事物造成的。大脑对这种差异信息的处理依赖于优势眼提供图像的基本部分，并由另一只眼睛提供深度的细节和更广阔的视野进行补充。当需要将工具精确地对齐一条直线时，你需要通过双眼获取有用信息，

确定优势眼

你的哪一只眼睛是优势眼？同时睁开双眼看向某个远处的物体，然后视线仍然指向该物体，并依次闭上眼睛。当你的优势眼睁着的时候，你的视线仍然是指向目标物体的；而当非优势眼睁开的时候，视线会指向其他物体。

但更重要的是，你应该专注于来自优势眼的信息。这种专注状态很奇妙——它不会让你的眼睛偏离焦点，但你的确会有一点类似的感觉。它需要你用一只眼睛看到更多，但不用闭上另一只眼睛。这不是一个简单的概念。

视差

视差的定义是基于视线的物体位移。换句话说，这是一种基于视角的视觉变化。它会在你的操作过程中造成许多测量或对齐方面的错误。最常见的问题出现在，当你试图用尺子读数或做标记，视线没有正对尺子刻度并垂直于观察面时。视线很容易偏移 $1/64$ in（0.4 mm）甚至 $1/32$ in（0.8 mm）（见图3-6和图3-7）。最简单的解决方案是正确对齐，具体来说，只需确保你的优势眼位于所需测量线的正上方。但这并不总是能够实现的。你可以试着把尺子沿边缘向上立起，使刻度线接触部件的表面，或者换一把更薄的尺子，尽可能地减少误差。

视觉辅助

放大镜、照明放大镜和头戴式放大镜都能放大细节，帮助你看得更精确。它们都需要一些手眼协调方面的调整。虽然使用这些放大镜更容易看到更多细节，但你仍然需要知道要在哪里进行切割，并确保那个位置能够切割。如果你在看清细节方面有困难，视觉辅助工具可以提供很大的帮助，但它们并不能直接解决读数不准确的问题。

应该看哪里

如果不知道应该看向哪里，你可能会陷入"熟视无睹"的尴尬境地。你需要知道，你在操作过程中应该看什么，并学会专注于此。哪些视觉信息是最重要的？做出判断部分地是基于经验，但同样需要基于常识。不是因为某件事物吸引了你的注意力，你才去看它，而是因为它关系到操作的安全或准确性，你才会关注它。很多时候，有很多不同的事情需要持续关注，但你需要分清轻重缓急，把更多注意力放在操作的安全和准确性上。例如，在使用台锯锯切木料时，盯着锯片切开木料没有任何意义。这可能很吸引人，但你不会从中得到任何重要的信息。盯住并确保木板的边缘紧贴纵切靠山则要重要得多，同时可以确保你的手远离防护罩和锯片。这对保证锯切质量和操作安全都很重要。

在用手锯锯切木板时，锯切路径与切割线的交界处

图 3-5 从端面出发察看木料的曲线，你会发现很多凸起、磕碰痕迹和难看的瑕疵，这些从侧面是很难看到的

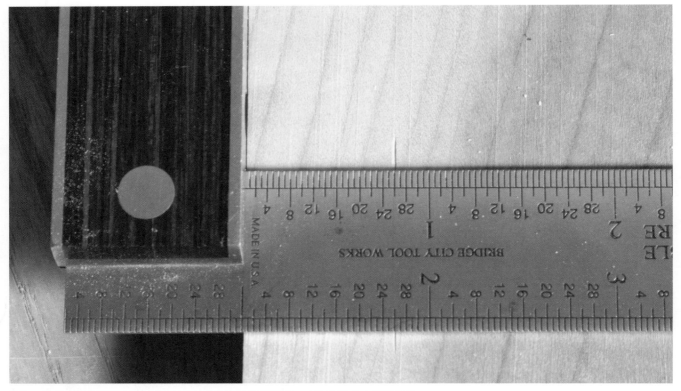

图 3-6 你的眼睛需要位于刻度线的正上方并垂直于观察面，才能获得准确的测量值

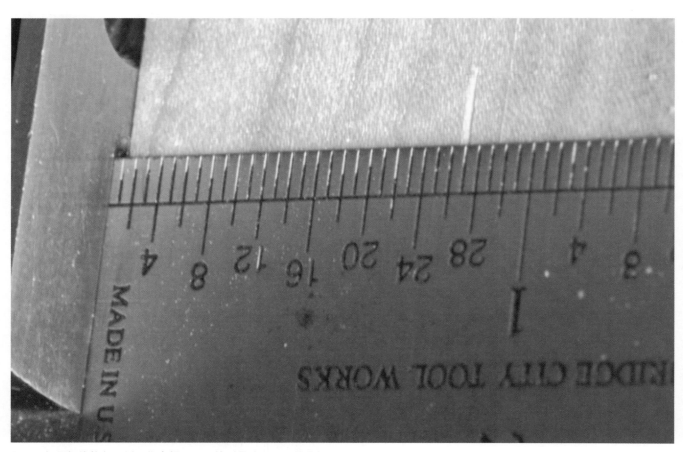

图 3-7 如果视线偏向一侧，你会得到不同的测量结果。这就是视差

"……你只是在看，而不是在观察。"

——柯南·道尔（Conan Doyle）笔下的《波希米亚丑闻》（A Scandal in Bohemia）桥段中，

夏洛克·福尔摩斯（Sherlock Holmes）写给华生（Watson）医生的信

是你要关注的重点。具体来说，你要盯着锯片与切割线相交时最靠近画线的那部分锯片，同时注意整体锯切路径，这可以帮助你保持锯切路径不会偏移。

知道该看哪里很重要。专注于关键的事物更重要。做到这些并不容易，需要很强的专注力。能够保持专注的时间越长，操作的准确性就会越有保障。

观察

当你注视一块木料时，你能观察到什么？你能看出它是如何完成铣削的吗？你能分辨出它是手工刨削出来的，还是经过压刨处理整平的，是用台锯锯切得到的，还是经过打磨处理的吗？你能看出所用工具的刃口有多锋利吗，或者木匠的手工刨削和打磨技术的熟练程度？木料在台锯上锯切时是不是没有完全对齐？你知道木料的纹理在发挥何种作用吗？你有想过寻找上述这些问题的答案吗？

对于木工初学者，很多东西是很难察觉的，但它们最终都会影响到作品的整体质量。一旦作品完成，所有的细节似乎都会被放大。在原木中无法发现的问题，在作品完成后可能会凸显出来。所有能让你观察更仔细的策略都能帮你发现操作中的问题，但最重要的是，你要积极寻找它们，并且知道如何寻找。

面对一件家具，你会观察什么？你想要寻找什么？你可能可以看出成品的质量和工艺，但是你能分辨出，接合部件是手工制作的还是机器切割的（手工制作的榫卯接合件可以在挡板下方找到榫眼和榫头的画线，可以在燕尾榫部件上找到基线和比例画线）吗？你了解比例和刻度的关系吗？你有注意到留白吗？这件家具的曲线设计是否合理？作品的整体设计是否平衡？

这些问题远远超出你所看到的，为了得到答案，你需要对产品设计、木工技术、工具使用和木材本身的知识有所了解。这个过程需要首先获取视觉信息，然后将其导入操作的情境中进行分析。

你可以根据先前的观察构建所需的情境。如果你不知道，与经过平刨、手工刨或砂纸处理过的边缘相比，经过台锯锯切的边缘有何差别，你就不知道该如何解释你所看到的。在涉及作品的比例、款式和设计方案时也是如此。你可以通过近距离地观察其他人的操作，来提高你的观察和分析能力。你看到的每一件作品都是观察和学习的机会。

你实践得越多，看到（因为你在寻找问题）和观察（因为你能够理解你所看到的信息）到的细节就会越多。

观察意识的增强非常重要，它是你能做得更好的最重要的环节之一，也是改进操作的基础。试想一下，如果不能发现问题，你又如何改进操作呢？值得一提的是，这个过程是永无止境的。你得到的结果越好，你就会越专注于发现问题，继而看到更多细节。这很令人兴奋，也让人有点望而生畏。

可以切实提高观察意识的方法之一是，花点时间与比你更优秀的人一起观察家具。家具可以不是你自己制作的，这样你的地位更超然，你更容易客观地看待评论。

这一切都不会削弱其他感官的感知能力。我们会在"反馈"部分的章节中看到，所有的感官都会在日益完善的操作中发挥作用。但人类主要是依靠视觉行动的，因此对于观察方式和看到的东西，我们应该格外关注。

4

理解你的工具

理解工具最好的方法是将其看作身体的延伸。它们赋予了你各种非凡的力量，并极大地扩展了你的创造能力。但这些都不是自然发生的。只有当你理解了工具的功能及其运用方式的时候，你才能获得这些。更重要的是，我们的加工对象是木材，所以有必要了解工具与木材的相互作用方式。在使用手工工具的时候，这种需求会更加明显，因为你使用的力量增加了。

如果想让工具真正扩展你的能力，那么就需要把它们真正变成属于你的工具。一件新工具，即使质量非常好，在刚开箱取出的时候，也只能算是可以满足一定需要的原材料。它可能需要经过研磨和调整，然后还可能需要设置，就像使用手工刨时那样。或者，你需要将其调平、对齐，

然后配备一个横切滑板、开榫夹具或开槽锯片，就像在使用台锯完成各种操作之前，你需要进行准备那样。不论哪种方式，一件刚开箱的新工具与一台刚开箱的新电脑并没有什么不同。你可能会因为电脑崭新的外观而兴奋，但在安装软件和导入数据之前，它是无法完成任何你需要它做的事情的。

下面的内容涵盖了一些最基本工具的使用要点。其中包括工具的工作原理、正常操作所需的条件，以及安全须知和正确的使用方式。这些工具都有专门的书籍详细介绍，其信息量远远超出这里给出的要点介绍。这些要点的作用是为你构建一个基础。在此基础上，当你获得更多信息时，你对工具的理解会更进一步。

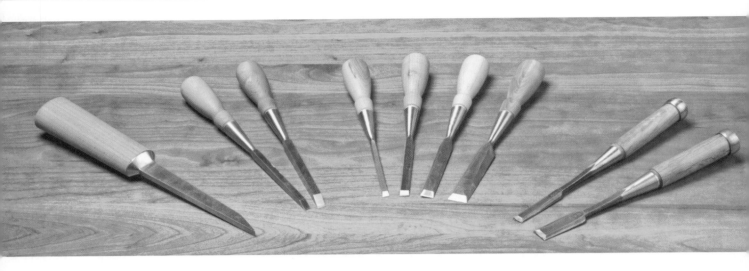

手工工具
凿子

凿子是所有工具中最简单的一种，它本质上是由手柄和连接在其末端的锋利楔形物组成的。不过，根据常识，工具越简单，其潜在的使用范围就越大。凿子可以用于精细切削、凿切、塑形和雕刻，还可以用来刮削木料表面，甚至用来撬起地毯钉（扣环）。凿子简易的构造可能会让你觉得，它使用起来也很简单。但是简单的工具通常需要更熟练的操作才能正常使用。

如何使用凿子

凿子有多种木材切割方式，具体方式取决于切割方向与木纤维的关系。木材有三种基本的纹理方向：横跨端面的端面纹理；垂直于长度方向的横向纹理；与长度方向大致平行的纹理。而且，第三种纹理还包括两种情况，即顺纹理和成角度（小于90°）的纹理，这两者的切割方式截然不同。

无论木材的纹理方向如何，凿子都要作为楔子发挥作用，切断或分离木纤维。木料只有在空间足够时才会被移除。如果没有足够的空间可以将已经切断或分离的木纤维移除，凿子也会压缩木料。这种情况发生在凿子的两侧。

凿切端面时，凿子应垂直于木料的长边。凿子的切割方向会直接切断稻草束状的木纤维（见图4-1）。这样切割造成的主要问题是压缩。木纤维在被横向切断之前存在轻微的形变。如果凿子不够锋利，或者你打算一次切削掉大量木料，那么在凿子横向切断木纤维之前，木纤维可能会彼此纵向分离（有时情况相当严重），从而留下参差不齐的表面（见图4-2）。此外，如果你打

图4-1 在从端面切削薄片刨花时，锋利的凿子可以干脆地切断木纤维

算在木板的一侧端面一路向下切削或凿切到底，另一侧
端面会因为缺乏支撑而碎裂。

在凿切方向横向于纹理，凿子刃口平行于木纤维切
割时，受力分离开来的木纤维要多于被切断的木纤维。
这是因为木纤维之间的结合强度不及木纤维本身强固。
在靠近木板表面的位置，凿子会剥落木纤维。因此，尽
管木纤维本身的强度比它们之间的结合力更强，但你需
要注意，在远离凿子切割的位置，木纤维可能被剥落（见
图 4-3）。这意味着，在凿切部位，一些深层的木纤维
也可能被拉到表面，这是因为木纤维的走向与凿切方向
不能完全对齐。如果你在使用这种凿切方式的情况下用
力敲击或推动凿子，那么木料会被撕裂，并且撕裂范围
可能会远远超过凿切的部分。如果力量足够大，甚至会
使整块木板裂开。

顺纹理或逆纹理凿切时，凿子的刃口是垂直于木纤
维的，只是凿切方向沿木纤维方向移动。这就是纹理方
向的重要作用。如果凿切方向是指向新生纤维，凿子可
以干净利落地切断木纤维。如果新生纤维的延伸方向与
凿切方向相反，并与凿子成一定角度，凿子更容易把木
纤维楔开，而不是将其切断。这会导致表层之下的木料
开裂，或者木纤维被撕裂（见图 4-4 和图 4-5）。

无论哪种情况，凿子都必须保持锋利。不同用途的
凿子，其刃口角度是不同的。刃口越锋利，凿切越容易，
但锋利的刃口也更脆弱。严格用于切削的凿子，其刃口
角度在 25° 左右时切削效果最佳。专为凿切而设计的榫
眼凿，其刃口角度在接近 35° 时凿切效果最好（通常是
在 30° 的主刃角上增加一个 5° 的次级刃角）。通用型
的凿子，其刃口角度在 30° 左右时使用效果最佳（通常

图 4-2 如果过于用力，即使使用锋利的凿子，也会导致木料受压
开裂和木纤维撕裂

图 4-3 横向于纹理切削可能在切口的任何一侧撕裂木纤维。切削
区域末端缺少支撑的木纤维也会因此分离

图 4-4 相对于木料表面向上倾斜，并与凿切方向成一定角度的木
纤维，凿子可以很容易楔入并使之分离

图 4-5 由下方木纤维提供支撑的木纤维更容易被干净利落地凿切

优秀的工匠从不抱怨工具

工具很重要，使用它们的方法同样重要，你不应该把所有的时间花在确保它们井然有序上面。对你的工具大发牢骚只会造成拖延，无法取得任何实质性的进展。是的，俗话说得好："一个好工匠从不抱怨他的工具"。这并不是说，你的工具没有任何问题，而是强调技术更加重要。你需要将更多精力专注于提高操作技术，而不是改善工具。与以娴熟的技艺驾驭有缺陷的工具完成操作相比，粗疏的技术驾驭完美的工具完成操作的可能性

显然要小得多。

只要工具足够，并能胜任相应的操作就好。不要指望在操作开始之前，把工房收拾得井然有序，高质量的操作就会自然出现。这种事情永远不会发生。我明白这一切的根源所在：你知道自己的技术尚未达标，但仍希望从工具上找到借口来获得些许安慰。不要自欺欺人。你应该在工具上少一些这样的心思，多投入一些时间用于提高技艺。

是在 25° 的主刃角上增加一个 5° 的次级刃角）。

对于大多数家具制作，凿子也需要一个平直的凿背（详见"打磨"部分章节）。雕刻凿是基于不同的功能设计的，通常具有背侧刃口斜面或稍微倒圆的背侧刃口。对于家具制作，你需要知道，在切削或凿切时凿子的走向。因此，平直的凿背是必不可少的。

凿子的安全性

凿子的安全使用准则可以归结为一句话：保持双手位于刃口之后。这是什么意思？很简单。不要让凿子对准自己。

很奇怪，用一只手握持木料，另一只手拿着凿子操作非常容易发生，你要对此保持警惕。尽管很多人对这种做法感觉很自然（如果有人指出来，他们还会振振有词地为自己辩护），但这是一种非常危险的习惯。你可以试试，看要花多长时间才能自己发现这种不良习惯，并加以改正。这个过程注定是折磨人的存在。但如果你不想去急诊室的话，承受这种折磨无疑是值得的。

无论何时，当你需要使用锋利且完全暴露在外的刃口操作时，都必须小心。要时刻注意你的手，并要仔细斟酌凿子在木工桌上放置的位置。毕竟，掉落的凿子也可能对你的脚造成很大伤害。

凿切技术

凿子的使用方式取决于需要使用的技术和具体的任务。考虑到木工技术和操作任务多种多样，凿子的使用方式也存在多种可能。熟练地使用凿子不仅涉及工具的握持方式，还需要你的整个身体做出正确的姿势。

竖直握住凿子进行凿切时，要像握住刀柄那样握住凿柄，并保持这条手臂紧贴身体。你的另一只手则是用

来引导和精确定位凿子（见图 4-6），使用类似于握铅笔的握法，将手掌根部支撑在部件表面无疑是最好的方式。对于凿切，你当然希望能够以非常小的幅度移动凿子，有时会是 $1/64$ in（0.4 mm），甚至更小的距离。这种引导式的握法控制效果非常好，你也可以尝试一些不同的握法，从中找到适合你的。无论选择哪种引导式握法，重要的是这只手要支撑在部件表面（不能悬空）。

图 4-6 适合凿切的良好姿势

图 4-7 我的身体姿势使我能够清楚地看到操作过程，并能控制凿子和施加力量

图 4-8 在使用木工桌操作时，我不得不向内侧倾斜身体，从而保持眼睛位于凿子的正上方

如同你的手悬空握住铅笔的顶端，同时想要精确地移动铅笔，这是不可能的。同样的，如果你想精确地控制凿子，也不能做这样的事情。

你的身体应该靠近部件并保持平衡，通常需要采用基本的木工姿势。这种姿势有助于你前面那条腿抵靠并支撑木工桌，同时另一条腿保持在后面。凿子通常位于你的脖子或下巴下方，这样的位置便于更好地控制凿子和施加向下的力量，便于向下观察凿子的侧面，来判断身体是否处在正确的位置，以及凿子是否垂直于部件的表面。双手和手臂负责保持控制，不应出现过多的移动。力量主要来自腹肌，以及肩部和上臂的肌肉。这样你可以有效借助自身体重，而不是仅仅依靠手臂的力量（见图 4-7）。

进行凿切不应该过于用力。如果你发现操作相当费力，这通常意味着你试图一次性切下过多的木料。发生这种情况时，你的操作准确性会大大降低。凿子可能会出现晃动，或者你已经偏离了正确的姿势。如果横向于纹理进行凿切，也可能导致木料受压开裂，此时需要相应地调整凿切方式。

需要使用木槌且非常用力的凿切可以称为凿劈。凿劈时的握柄方式取决于需要的操作精度。更精确的定位需要辅助手使用类似握铅笔的握法，就像凿切时那样。对于需要非常用力，同时又不太重要的凿劈操作，只握住手柄（手处于远离木槌的位置）操作会感觉更舒服。在凿劈时，你的身体不应像凿切的时候那样靠近部件，因为需要一定的空间来挥动木槌。但你仍然需要调整自己的姿势或部件的位置，以便可以随时观察需要看到的操作（见图 4-8）。

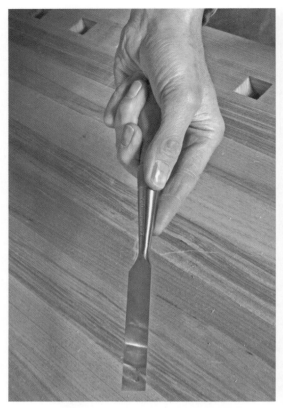

图 4-9 切削的时候，好的握法要求凿子与前臂成一条直线，这样可以通过手掌根部轻松地前推凿子

图 4-10 沿水平方向切削时，辅助手的握法不同于握铅笔的方式

　　另一种常见的凿切握法是将凿柄的顶部抵住手掌根部，同时食指伸出指向刃口斜面。这样可以使凿子与你的前臂成一条直线，使你可以更好地前推凿子（见图 4-9）。以这种握法沿水平方向的操作可以称为切削，其处理效果很好。此外，需要另一只手进行控制和定位。还要注意，这只手此时的握柄方式不同于垂直凿切中使用的类似握铅笔的握法，而是应该掌心朝上，大拇指按在刃口斜面一侧，食指托在平直的凿背上，把凿子夹持在手里。使用这种握法，同样有助于辅助手获得支撑，如果保持指关节抵住部件，还可以进一步增强对操作的控制效果（见图 4-10）。你可以使用相同的握柄方式和类似的辅助手姿势用于切削，用来修整表面凸起，使其与表面其余部分平齐。将凿子平直的背侧朝下贴放在部件上，把辅助手的拇指按在凿子的正面或边缘（为侧向切削运动提供杠杆支点），用另一只手一边前推手柄，一边水平转动手柄（见图 4-11）。

图 4-11 用凿子可以高效地将表面凸起切削平整

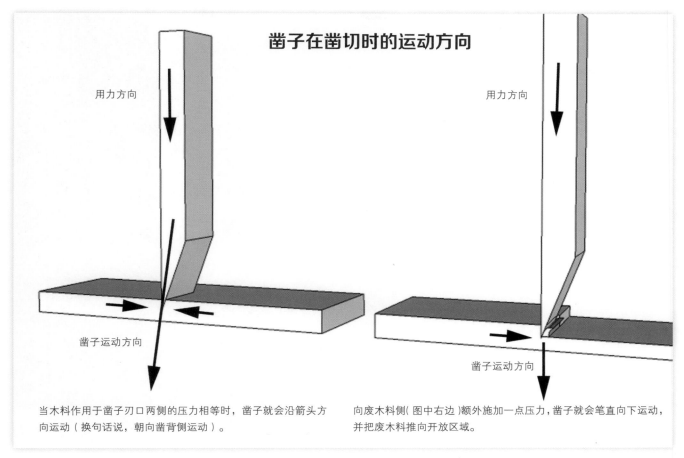

凿子在凿切时的运动方向

用力方向

凿子运动方向

当木料作用于凿子刃口两侧的压力相等时，凿子就会沿箭头方向运动（换句话说，朝向凿背侧运动）。

用力方向

凿子运动方向

向废木料侧（图中右边）额外施加一点压力，凿子就会笔直向下运动，并把废木料推向开放区域。

图 4-12 凿切时用力方向与凿子运动方向的关系

有时候，切削还需要额外的控制。在凿子正面施加压力，通过辅助手的控制来调节切削操作。这种压力有助于防止凿子过度切削。在你试图沿画线切削去除废木料，同时担心切削过深时，这种技巧会很有用（见图4-10）。

精准切削

是什么决定了凿子的走势？如果你在木料表面画一条线，把凿子的刃口压在线上，然后用木槌向下敲击，在凿子穿透木料时，你会发现，凿子的刃口相对于画线向后移动了。这是简单的物理现象。当来自刃口两侧的阻力相等时，凿子的运动方向正好在刃口角度的等分线上（见图4-12）。

不过，回退到之前的切割线位置通常不是你会做的。大多数情况下，你会继续径直向下凿切或切削。为了做到这一点，凿背必须是平的（如果凿背有任何倾斜或弯曲，就无法确切地知道凿子接下来的运动方向），而且，你必须满足两个附加条件中的一个。第一个条件，凿切或切削操作紧邻开放区域，这样刃口斜面一侧的木料可

以不受阻碍地被推开，不会产生回推刃口斜面的力（换句话说，每次凿切或切削掉的少许废木料因为有足够的释放空间，所以不会对后续操作产生阻碍和阻力）。第二个条件，你需要做点什么，来防止凿子的刃口后移。可以是在半边槽的边缘将一块木块夹紧到位（可以在木块底面粘贴一块砂纸来增加摩擦力），或者通过其他固定的物体帮助抵消在凿子切下木料时刃口斜面受到的反作用力。这也表明了使用凿子的一个普遍原则：刃口斜面一般都朝向废木料一侧。

径直向下切割很好，但若能沿画线精确竖直向下切割就更好了。与划线规或划线刀搭配使用时，凿子进行精确竖直切割的效果特别好。不同于铅笔画线，这两种工具可以形成刻痕，为你提供进行完美切割的起点。在此基础上，你可以选择先去除废木料侧的大部分木料，然后像上面描述的那样，用凿子沿画线竖直向下凿切，也可以先切除靠近画线的部分废木料，腾出空间后用手锯锯切（见图4-13）。

如何保持凿子垂直于部件表面？其中最好的一种方

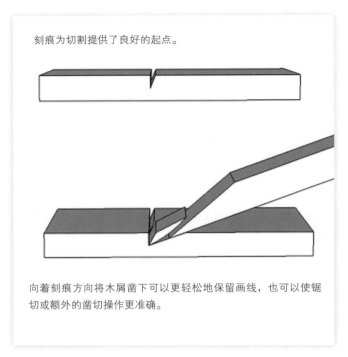

刻痕为切割提供了良好的起点。

向着刻痕方向将木屑凿下可以更轻松地保留画线，也可以使锯切或额外的凿切操作更准确。

图 4-13 刻痕的用处

图 4-14 哎呀，站在这个位置凿切榫眼（部件横向摆放在面前）意味着我看不到自己手中的凿子是否与部件表面垂直

法是，确保你处在能够看到垂直方向的位置（见图 4-14）。这并不是说，你要远离部件，且目光正对凿子，因为这样你就无法正常操作了。你应该用你的优势眼向下注视凿子的刃口。每个人都有清晰的垂直感（想想看，发现墙上的一幅画挂歪了是多么容易）。难点在于，你要找到自己或部件的合适位置，以便于你可以判断是否垂直（见图 4-15）。某些情况下，在台面上放一把直角尺作为参考可能会有帮助。有些人会在木工桌上放一面镜子，以便从不同的角度进行观察。最重要的是，你需要处在正确的位置，这个位置既可以使你看到凿子并确定其垂直关系，又能保证你以可控的方式进行切割。通常，你可以使用之前的切口作为参考。要如何才能在沿一条比凿子的刃口宽度还要长的画线切割时始终不会越线呢？首先，你需要切削到靠近画线的位置，一般距离画线不超过 $1/32$ in（0.8 mm）。在切割较硬的木材时，这个距离可以更小一些。我们的目标是，最后通过一次切削直接到位。完成上述准备后，就可以从一端开始，用凿子的刃口对齐画线（斜面朝向废木料侧）并小心地切削（见图 4-16）。沿画线移动凿子，同时保持凿子的大部分紧贴刚刚得到的切口。仅使用凿子刃口前端的八分之一或四分之一进行切割，其余部分则要紧贴已有的切口。为此，你需要稍稍侧向倾斜凿子，使凿子的刃口前缘比刃口其他部分高一些（见图 4-17）。这样你可以沿画线快

图 4-15 如图所示，我现在的姿势和部件的位置使我可以清楚地看到，凿子与部件表面是垂直的

图 4-16 确保你在把凿子的刃口对准画线（刻痕）进行第一次切削时，不要一次性去除过多木料

图 4-17 用凿背紧贴刚刚切出的表面，然后一点点推进切削

速地直线切割，实践证明，其结果非常准确。依靠自身体重和较大的肌群来推动凿子切削木料，可以在操作时保持上半身的姿势不变。

刃口斜面朝上与刃口斜面朝下

大多数情况下，你在使用凿子时是保持刃口斜面朝上或朝向废木料侧的。这关乎凿子的控制。你需要知道，在切割过程中凿子的行进方向。如果刃口斜面用于将废木料推开，则凿背应该与发力方向成直线。如果刃口斜面朝下，情况就不太好确定了，因为发力方向与凿子的凿切方向成一定角度。

有时候，保持刃口斜面朝下操作可以获得以其他方式无法取得的效果（见图 4-18）。也有时候，可以用刃面作为支点来撬开废木料。不过要注意，用凿子撬动废木料可能会导致锋利的刃口断裂。

对了，凿子还可以用来撬起地毯钉：首先，去跳蚤市场买一把便宜的旧凿子，最好是看起来做过很多类似撬钉子这种工作的凿子。如有必要，可以在平整的混凝土地面上研磨几下。然后就可以拿去撬钉子了。保持刃口斜面朝下以获得良好的杠杆效果。

图 4-18 保持凿子的刃口斜面朝下，可以准确轻松地清理边角区域

手工刨

手工刨恐怕是所有的木工工具中，既能带给操作者最大快乐，又能带来最大挫败感的工具了。令人沮丧的是，在你对工具的性能、打磨要点、使用技术和木材性能的理解融会贯通之前，手工刨就是专门用来折磨人和木材的工具。一旦你对这些要素的理解融会在一起，手工刨就会变成一种强大而称手的工具。几乎每个人都会惊叹，经过手工刨刨平的表面如玻璃一般光滑平整，并且他们也很乐于制作和展示那些半透明的、薄如蝉翼的刨花，尽管它们只是使用手工刨操作时产生的废料。当然，你获得的东西并不完全是感官上的。使用手工刨通常是将木板刨削平滑的最快方法。而且，它也不像你所担心的那样需要花费过多的时间。

手工刨最基本的亮点就是固定刀片的巧妙方式，它赋予手工刨以其他工具无法实现的方式进行切割的能力。试试用凿子整平木板，或者做出 6 ft（1.8 m）长、$^1/_{1000}$ in（0.003 mm）厚的刨花，你对这一点的理解就会更深刻。这并不是切割动作有何不同，也不是刃口形状存在差异。凿子的刃口同样是锋利的楔形，它作用于木料的方式与手工刨的刃口也是完全相同的。但是，刨刀被固定的方式和角度使手工刨能够完成远超凿子能力的操作。

影响切割质量的关键因素

尽管手工刨的类型和尺寸千差万别，但优质的手工刨都有一些共同特征，这些特征会影响它们的刨削效果。首先，当然是锋利的刀片。不过，仅凭刀片锋利并不足以保证刨削的效果。刀片需要被牢牢固定。在处理木料时，不仅要将刀片准确固定到位，而且要将刨削过程中的震动控制在最低水平。这意味着，需要小心地把手工刨与刀片接触的部分（以及刀片本身）整平。刀片与刨身的接触面积越大，操作效果就会越好。此外，台刨通常具有一个断屑器（有时被称为盖铁，这种叫法容易造成混淆，因为杠杆式压盖有时也被称为盖铁）。断屑器通常是用螺丝固定在刨刀上的（只有在完成粗刨时才会产生碎屑），这增加了刀片的刚性，并在刀片最需要的位置，即外侧靠近边缘处，削弱了刀片的震动。否则，这块区域得不到支撑。断屑器应与刀片紧密贴合且无间隙。可能需要把它的前缘展平或拉直才能获得这样完美的贴合效果（见图 4-19 和图 4-20）。对于许多老旧或质量较差的手工刨来说，更换一块品质更好的断屑器是一项重大升级，可以显著提高手工刨的性能，至少与更换一块品质更好的刀片效果相当。

还有其他一些因素会影响手工刨的质量。手工刨的刨口应该根据其需要完成的操作类型进行调整。刨口越紧（刨口前端距离刀片越近），刨子前端在刨削之前将木纤维限制在合适位置的能力就越强，从而有助于减少撕裂。如果大多数时候你在用手工刨完成精细的操作，这样的刨口设置没有问题。但是，如果要在短时间内刨削除去大量的废木料，你就需要增加刨口开度，以便于较厚的刨花可以很容易地通过，不会造成堵塞。对台刨来说，并不需要经常这样调整，因为频繁调整意味着需要经常前后移动辙叉。不过，对于刃口斜面朝上的低角度刨，其可调式的刨口调整起来是很容易的。通常只需松开一个旋钮，滑动一个控制杆，然后重新拧紧旋钮。

手工刨的底座底部同样需要非常平整。当刀刃在木料表面移动时，它才是刀片真正的参考面，而底面扭曲变形的刨子是很难控制的。不过，也不需要整个底部绝对平整。只要保证重要的部分，即底座底部的周边和刨

上图展示了一系列的台刨，从左边的 7 号刨到右边的 2 号刨

右图包含一把低角度粗刨（左）、一把低角度细刨（中）和三把短刨（右）

口周围的区域足够平整就好。

我们普遍认为，铸铁是一种非常坚硬、不易变形的材料，但事实上，它在张力作用下也会扭曲变形。如果需要整平刨子的底部（用砂纸在玻璃、花岗石或平板铸铁表面进行打磨很容易做到），你应该把刨刀调整到恰当的位置，确保刃口从刨口回退足够远的距离，不会在整平底部的同时被磨损。

需要注意的是，刨口深度的调节机制更多是关乎使用的方便程度，而不是刨子的功能性或操作质量。很多高质量的手工刨没有机械调节机制，可以使用木槌或小铁锤轻敲刀片或刨身进行调整。较为常见的调节系统是使用深度控制旋钮搭配一个用于横向调节的控制杆来保持刀片正确就位。有些调节系统则是把旋钮和控制杆合二为一。

图 4-19 这个断屑器局部翘曲，在将翘曲部分展平，使断屑器与刀背完全贴合之前是无法使用的

图 4-20 这件断屑器要坚固得多，且做工精良。其与刀背的贴合一直非常紧密

台刨与短刨的区别

台刨的刃口斜面朝下，而短刨的刃口斜面朝上。刃口斜面朝上的刨子有一个与底座一体成型的底面。台刨有一个单独的、可调节的辙叉，用于支撑刀片并将其固定在特定的角度。相比典型的台刨辙叉，短刨的底面倾角要小得多——前者的倾角通常为45°，少数情况下可以达到50°或55°，而后者的倾角只有12°或20°。不过，由于刃口斜面的朝向不同，有效刨削角度一般差别不大。

台刨的辙叉通常可以前后调整（有些麻烦），以控制刨刀前部刨口的开度。短刨的刨口可以通过调节刨子的前部加以控制。短刨没有断屑装置。当然，并非所有台刨都配有断屑器，不过绝大多数都有配备。

低角度细刨的刃口斜面朝上，并具有一体成型的底面和可调节的刨口。普通细刨具有单独的辙叉配件（在上图中，辙叉具有较大的倾斜角度）和一个断屑器。

台刨和短刨

手工刨主要有两个类别：台刨和短刨。这可以通过它们最显著的差异来区分：台刨刨刀的刃口斜面朝向刨子底部，而短刨的刨刀刃口是朝上的。这很重要吗？事实上在很多方面，刃口斜面的朝向并不重要。就木料加工而言，最重要的是刨刀的角度。确切地说，并不是刀片本身的角度，而是有效的刨削角度，即刃口相对于木料加工面的角度。从外观上看，台刨的刨刀角度要大得多。但短刨的刃口斜面朝上，所以有效的刨削角度是底面角度（刨刀所在平面与工具底座形成的角度）加上刃口斜面的角度。因此，两类手工刨的主要差别其实并没有外观上那么明显。台刨的正常刨刀角度是45°，这就是其有效的刨削角度。短刨有两种常见的底面角度，其中20°被认为是标准的底面角度，12°则被称为低角度。因为刃口斜面是朝上的，加上刃口斜面角度以后，短刨的有效刨削角度为45°（与台刨相同）或37°（比台刨的有效刨削角度略小一点）。低角度在刨削端面时会容易一些，因为它更倾向于切断而不是压缩木纤维。为什么要使用短刨呢？除了较小的刨削角度在刨削端面时

的优势，在你需要垂直刨削部件或者只能用一只手操作的情况下，小巧的短刨更容易控制。而且短刨的结构也没有那么复杂。但短刨真正的优势在于，能够通过把刃口斜面研磨成不同的角度来自定义有效刨削角度。如果遇到纹理走向容易撕裂的木料，可以以较小的角度研磨刃口斜面，或者更换一片刃口斜面角度较小的刨刀。刃口斜面的角度越小，撕裂木纤维的可能性就越小。

当涉及改变刃口斜面的角度时，台刨存在较多的限制。一些制造商会提供较大角度的辙叉作为一种选择。除此之外，只能在刀片上增加一个背侧斜面。确保背侧斜面不会妨碍断屑器的良好接触。在研磨刀刃去除毛边的时候，需要始终保持相同的背侧斜面角度（详见第5章）。背侧斜面确实提供了一种相对容易的增加有效刨削角度的方法。

直刃刨刀与冠刃刨刀

大多数人会使用直刃刨刀。有些人则会把刃口两侧边角敲掉，这样刨刀在刨削平面时就不会在两侧留下脊状凸起（也被称为刨削线）。还有一些人，会把整个刀刃加工成冠状或弯曲到一定程度。冠刃刨刀的一个极端

例子是刮刨（见图 4-21）。这种刨子被设计用于粗糙木板最初的刨平，以快速去除大量木料。刮刨具有很窄的刨刀和明显的冠状刀刃，比如，我的刮刨刨刀宽 $^{17}/_{16}$ in（36.5 mm），其冠状刃角尺寸为 $^{3}/_{32}$ in（2.4 mm），这样的设计有助于快速去除木料，同时刃口不会在刨削中卡顿。有些刨刀的冠状刀刃非常接近直刃，不像刮刨刨刀那样弯曲明显，但它们也很有用。冠状刃角尺寸非常小的细刨，每次的刨削深度只有千分之几英寸，且两侧不会留下刨削线（切割痕迹会在边缘处模糊消失），只有木料表面的细微变化在告诉人们，这里经过了手工刨削处理（见图 4-22）。

冠刃刨刀也可以用于木板边缘的修直。将刨子的一侧悬空，只用冠刃刨刀的中间部分进行刨削，可以形成一侧比另一侧刨削深度略大的切口。通过每次千分之几英寸的调整（见图 4-23），这是将边缘重新刨削平直的绝好方法。当然，也可以使用直刃刨刀完成类似的操作（见图 4-24）。

研磨冠刃刨刀绝对比研磨直刃刨刀要难。在你完全掌握了研磨和刨削技术后，可以考虑进行这样的探索。

图 4-21 刮刨凸出的冠状结构可以帮助你快速去除大量废木料。刨削面不一定很平整，但这不是重点

手工刨的设置

研磨刨刀只是将刨子调整至可用状态的开始。需要把刨刀安装在刨身上，并根据你需要的切割类型进行调整。你需要进行一些测试，才能正确完成所有调整，所以你需要在手边放一块废木料随时备用。

对台刨来说，要先把断屑器用螺丝固定在刀片上。不要把断屑器横向拖过刚研磨好的刃口，而要将刨刀相对于断屑器横向放置，滑动到断屑器上，同时使其远离

图 4-22 这个细刨的刨刀具有非常尺寸小的冠状刃角，其切口两侧的痕迹会逐渐消失

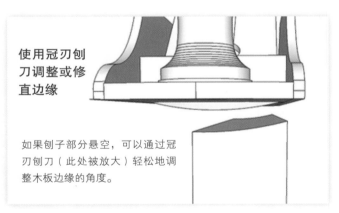

使用冠刃刨刀调整或修直边缘

如果刨子部分悬空，可以通过冠刃刨刀（此处被放大）轻松地调整木板边缘的角度。

图 4-23 用冠刃刨小刀修整木板边缘

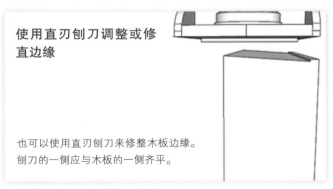

使用直刃刨刀调整或修直边缘

也可以使用直刃刨刀来修整木板边缘。刨刀的一侧应与木板的一侧齐平。

图 4-24 用直刃刨刀修整木板边缘

刃口。将断屑器锁定螺丝的螺丝头插入刨刀的孔中，沿断屑器凹槽滑动螺丝，同时围绕螺丝旋转刨刀，直到刨刀两侧与断屑器两侧对齐。向刃口方向滑动断屑器至刃口前沿，然后再回退约 $1/64$ ~ $1/32$ in（0.4~0.8 mm），并小心拧紧螺丝（刨刀有时会移动）。小心地将刨刀组件插入刨身，滑动安装到凸出的压盖锁定螺丝的正上方，压在深度调节杆上，最后扣上杠杆式压盖，将刀片夹紧到位。全程都要小心，不要损坏锋利的刃口。

至于短刨，只需将刨刀（刃口斜面朝上）插入，调节凹槽对准锁定螺丝，然后加入盖铁将其锁定。盖铁或杠杆式压盖应该拧多紧呢？经验法则是，盖铁或压盖的松紧程度既要能将刨刀牢牢固定到位，又要保证调整刨刀不至于过于费力。当然，不应该出现只用手指就可以推动刨刀的情况，而是要通过旋钮和调节杆进行调整。

可以根据手感进行初步的调整。将刨子翻转过来并检查刃口的凸出程度。你能够感觉到，调整后的刃口稍稍凸出于底座的底面。纠正刨刀存在的任何明显歪斜。许多短刨不具备这种纠正歪斜的机制，这种情况下可以用小锤子轻敲刨刀的侧面进行调整，也可以松开盖铁，用手指把刨刀扶正。

刨子需要被设置到刃口可以正对操作面完美刨削的程度（整个刃口平行于底座底面）。最好在一小块平整的废木料上进行一系列的试切。从现在开始，每一次调整都应基于结果进行。如果没有切到木料，就要增加刃口的伸出长度；如果切入过深，就要将刃口回退一些。最后，还要检查刃口两侧的切入深度是否均匀一致，以

图 4-25 只有一侧刨削出刨花（左侧），说明刨刀需要调整了

判断刨刀是否安装方正。将刨子偏向一侧进行刨削，同时查看刨花的情况。如果很难得到均匀的刨花，最简单的调整方法是，把刀片适当回退，直到只有一侧产生刨花（见图 4-25）。然后把刀片稍微扶正，再次测试。你会发现刃口现在完全没有切到木料。这说明你的调整初见成效。把刀片适当前推以增加刃口的伸出长度，再次测试。就这样不断微调，直到可以沿整个刃口刨削出非常光滑和均匀的刨花（见图 4-26）。这意味着刨刀已经调整方正，现在可以将其调整到需要的刨削深度了。这个过程开始时可能会很慢，但是随着你对调整目标以及各种调整结果越来越有感觉，你就可以快速而轻松地完成这件事。

刨削技术

刨削是"木工操作需要从头到脚全身参与"这一原

图 4-26 多么漂亮的刨花

与刃口锋利程度无关的研磨问题

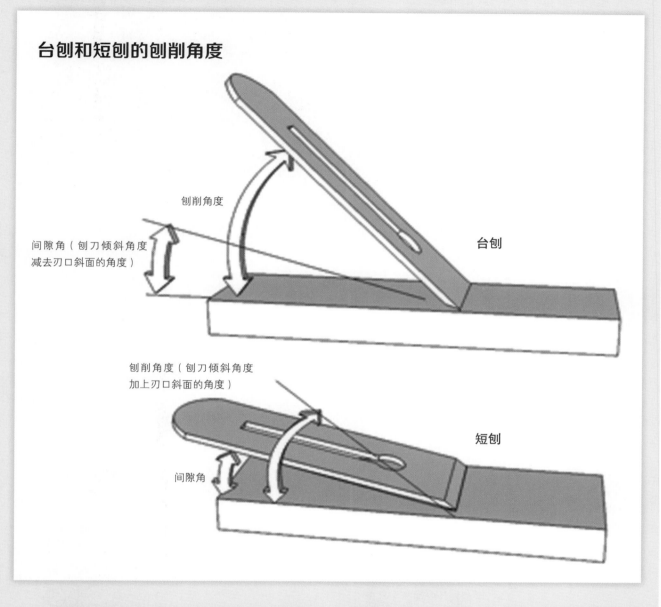

台刨和短刨的刨削角度

刨削角度

间隙角（刨刀倾斜角度
减去刃口斜面的角度）

台刨

刨削角度（刨刀倾斜角度
加上刃口斜面的角度）

短刨

间隙角

有效刨削角度会改变刨子的许多特性。角度越大，发生撕裂的可能性越小。但是，角度越大，在木料上推动刃口的难度也越大。你会发现，随着刨削角度变大，刨削质量也会发生变化。在较大的刨削角度（大于55°）下，木纤维更容易被碾碎而不是被切断。这样刨削出的表面不像切断面那么光滑。

间隙角是刨刀内面前缘形成的角度。它随台刨的刃

口斜面角度变化，与刃口斜面朝上的短刨的刨刀倾斜角度相同。这个角度通常可以忽略，但如果台刨刨刀的刃口斜面角度过小，你可能会遇到麻烦。应将间隙角保持在12°左右，任何间隙角小于这个角度的刨子都会给你带来麻烦。具体来说，将台刨的主刃面研磨到25°，将其次级刃面研磨到9°会带来麻烦，28°主刃面角度与6°次级刃面角度的台刨也会出现问题。

则的体现。它需要良好的姿势与对齐关系，以及不同类型动作之间的良好协调。

　　两只手分别握住前端的球状把手和末端的把手，两只手腕都保持伸直——沿前臂的直线应该正好指向大拇指和食指之间（虎口），一直延伸并交汇到刨子前端的球形手柄的中心，并且后面那只手的前臂应该与刨身成一条直线，同时保持肘部贴近身体（见图 4-27）。前面那只脚的脚尖应该正对前方，且大致位于刨子前端的正下方。后面那只脚则应该相比基本木工站姿中的位置稍向后一点，并保持 45°~60° 的外展。双腿膝关节弯曲，且髋部略为前压（见图 4-28）。

　　将刨子的前端牢牢压在木板上，确切地说，大部分的压力应该压在前面那只手上——此时刃口尚未接触木板的末端（见图 4-29）。先让身体动起来。前面那只脚应该向前滑动或迈步，髋部应相应前移。这看起来就像慢动作版的弓步。一旦后面那只手的肘部推进到髋部后方几英寸的位置，就可以开始前推刨子（换句话说，在向前推动刨子之前，你的身体已经先一步开始运动）。你应该感觉到，大部分的推力来自后面那只脚，如果没有这种感觉，试着放慢动作。动作越慢，就越需要从后面那只脚获得推力。这也是在正常速度下应有的感觉。随着刨子向前推动，持续向前滑动前面那只脚。总体的运动大致相当于向前迈了一大步。不过，前面那只脚也

图 4-27 在基本的刨削姿势中，右前臂与刨身完美地成一条直线

不要伸得太远，导致身体失去平衡。在一次刨削动作结束时，你的手臂会从肩膀出发向前伸展，同时把刨子推得更远（见图 4-30）。

　　较长的木板刨削起来并不会更难。如果你在刨削一块较薄的木板时感觉刨削深度变小了，你可能会继续前推刨子进行刨削。但对大多数长木板来说，发生这种情况时最好停止刨削做一些调整，保持双手作用于刨子上的压力，双脚适当前移，然后重新开始刨削动作。只需一点练习，你就可以轻松完成调整，且不会弄断刨花，或者留下任何出现刨削停顿的痕迹。

图 4-28 开始刨削

图 4-29 我的身体开始前移（左脚向前滑动），但刨子尚未移动

图 4-30 现在我前推刨子。注意我的右侧手肘（图中不可见）离髋部还不是那么远。你可以感受到，有多少推力来自后面那只脚

　　无论木板的长度是多少，当刨子推进到远端时，你需要把大部分向下的压力转移到后面那只手上。这有助于对抗过度刨削或者把木板末端压碎的自然趋势。有人将这种感觉描述为"试图将木板的中间部分掏空"。

　　像往常一样，施力和动作控制是分开的。大多数时候，作用在刨子后部的力量来自下半身（从髋部一直到脚尖）。刨削时的滑动动作很像击剑中的弓步。当然，还有上半身的运动，对于非常短的部件，需要更多地使用上半身。如果你完全依靠向前挥动手臂完成大部分动作，你的控制会很乏力，你也会感觉非常累。

　　刨削要求对压力进行动态控制。这主要涉及手和手臂之间压力的平衡问题。你不能只是将工具向前滑动，就期望看到好的结果。开始时，要在刨子的前端施加较大的压力，然后随着刨子沿木板向前推进，需要将更多的压力转到刨子的后端。大多数人会在起始刨削阶段遇到麻烦。这通常是因为，前面那只手施加的向下的压力不够，同时过于依赖上半身的力量起始前推的动作。

　　最开始学习刨削时，你应当使刨子与刨削路径保持在一条直线上。随着你可以更好地控制双手之间的压力平衡，可以开始尝试倾斜刨身刨削。这种刨削有一些优点，但也存在缺点和风险。其主要优点是，可以产生更接近切削的效果。可以比较一下直接用刀用力向下切一

核心区

　　刨削需要运用整个身体，以及一些运动。但总体而言，感觉上仍然是可控的。我的意思是，大多数上半身的操作都发生在靠近身体的区域，这是最利于控制操作的位置。前推的那条手臂的肘部不应离髋部太远。操作区域距离你的核心区越远，对刨子的平衡和作用在上面的压力的控制就越困难。

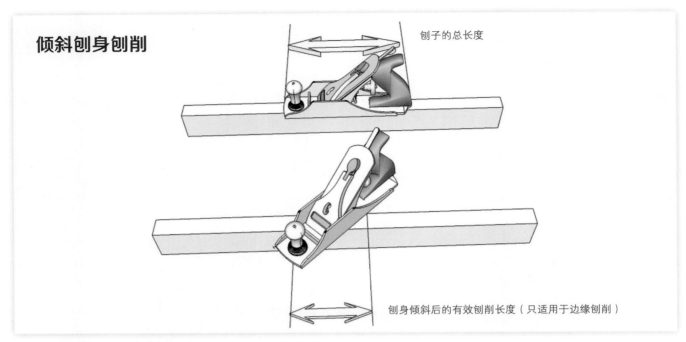

倾斜刨身刨削

刨子的总长度

刨身倾斜后的有效刨削长度（只适用于边缘刨削）

图 4-31 倾斜刨身刨削会缩短有效刨削长度

块肉和倾斜用刀把肉切成薄片的区别，显然后者更省力一些。倾斜刨身刨削还可以稍稍减小刨刀的刨削角度。这有点类似于自行车越野爬坡时采用的策略。虽然较小的刨削角度会在处理纹理复杂的木料时增加撕裂木纤维的风险，但切削效应的增加似乎更为明显，从而抵消了这种风险。在较窄的木板上倾斜刨身进行刨削还可以缩短刨削时的有效底面长度，从而使刀刃可以刨削到原本无法触及的低点（甚至较浅的凹面）（见图 4-31）。

在刨削时，保持棱角处的直角既是一个非常重要的操作问题，也有一定的技术要求。你对如何发现和纠正棱角处偏离垂直的问题了解得越多，就越容易保持正确的垂直关系。

刨子设置不到位是棱角处无法保持垂直的最常见原因。如果刨刀歪斜，那么每完成一次刨削动作，其中一侧都会比另一侧去除更多木料。这些小误差很快就会积累到你无法忽视的程度。因此，为了保证棱角处的垂直，你需要首先保证刨子设置到位。每次拿起刨子时，你都需要快速检查一下，看其是否可以顺利刨削出横向厚度均一的刨花。刨子有时确实会出现调整失效（特别是当盖铁有些松动的时候）。所以你要密切留意刨花，确保它们在整个刨削过程中始终保持均一的横向厚度。

如果刨刀的安装角度没有问题，但刨削后仍然存在棱角处偏离垂直的问题，你需要专注于磨炼刨削技术。握持刨子并保持刀口均匀切入木料是一种综合技能，而不是一个简单技巧。在每次刨削的动作中，你应当切实感觉到刨子的底面紧贴在木料表面。专注于刨子刨削边缘时的手感，以及刨子直线刨削和居中对齐的感觉。随着刨削技术的其余部分同步得到提高，以及你对刨子的使用越来越得心应手（并在使用时保持控制状态），保持垂直关系的刨削会变得更加自然。

一种帮助你学得更快的方法是经常查看你的操作结果。在刨削木板 5 分钟后才发现刨削角度是 85°，这样做没有什么意义。每完成几次刨削动作就用直角尺检查一下，这样可以在刨削出现严重偏差之前及时调整解决。

在刨削时也要注意自己的操作。如果你在刨平经过机器处理的表面，你会发现，原始的机器处理表面（经过台锯、平刨、压刨、电木铣或带锯处理的表面）与更为平滑光亮的刨平表面之间存在的差别。仔细观察界面。如果机器处理后的边缘是方正平直的，那你通过均匀刨削除去木板上的机器处理痕迹后，木板仍会保持方正（见图 4-32）。

即使没有冠刃刨刀（见图 4-22），想修正偏离直角的边缘也很容易。只要将刨子移动到足够远的位置，使其一侧与木板边缘暂不需要修正的一侧对齐，进行偏置刨削（见图 4-33）。因为刨刀没有延伸到紧贴边缘的位置，刃口无法刨削边缘，但可以刨削木板的其他部分。这个操作可以根据需要重复多次。

接下来，你需要将刨子居中（刨子的轴线与刨削平

图 4-32 密切注意捕捉刨削面偏离垂直关系的证据。可以看到，图中上面那条凳腿出现了棱角处偏离垂直关系的迹象，下面凳腿的棱角处则保持正常的垂直关系

图 4-33 左手手指帮助我将刨子的一侧与木板边缘暂不需要修正的一侧对齐

面的纵向中线对齐）放在木板边缘，额外刨削一次甚至多次，以刨平之前刨子偏置刨削时没有刨到的部分（紧靠暂不需要修正的边缘）。

虽然刨子的手柄设计出来需要以特定的手法握持，但你仍然可以使用其他握持方式。只要在前推或回拉刨子的时候能够保持必要的控制力，任何其他握法都是可以的。

日式刨在设计上是通过回拉进行刨削的，但这并不是说，你不能拉动西式长刨或短刨进行操作。对齐的细节会略有不同，但是对齐以及力量和控制的分离仍然是非常重要的。在回拉刨削时，所需的大部分拉力源自下半身。而且此时手臂的对齐要比前推刨削时更为自然，且主发力手的前臂应与刨子和刨削方向在一条直线上（见图 4-34）。

图 4-34 拉动刨子与推动刨子的过程中使用的对齐方式很相似。但是握持刨子的方式和动作有所不同。你仍然需要调动全身进行操作

在刨削狭窄的边缘时（以前推刨削为例），你可能需要尝试不同的握持方式。要点在于放低手的位置。你的手要更靠近刨子的底部，这样就不会有过多的杠杆作用施加在刨子上，使刨子向边缘倾斜，并且能够更好地获得刨子底面平贴边缘的手感。将前面那只手的拇指直接按在刨子球形手柄后面的底座上。在不影响操作的情况下，尽可能将手放低，握住刨子后部的把手。这样在刨削边缘时会更加安全（见图 4-35）。

图 4-35 放低手的位置有利于刨子在刨削狭窄边缘时保持平衡

你还可以稍微改变正常的握法，以木板边缘作为参考，将刨子的一侧与其对齐。做起来很简单，只需将食指、中指和无名指放在刨子的一侧，而不是环绕在把手和辙叉周围（见图4-33）。

也可以单手控制刨子进行操作，但这需要练习。你需要这只手同时推动刨子和引导操作，需要把施力和控制过程完美地融合起来。体量越小的刨子越容易单手操作，短刨无疑是最适合单手操作的（见图4-36）。

如果刨子较大，搭配刨削台进行刨削是单手操作最常见的方式。这通常需要握住刨子的中段，因为只有这样才能使其在前后方向上保持良好的压力平衡。特制的把手也可以帮助你正确握住刨子（见图4-37）。

横向于纹理刨削

大多数时候，你会顺纹理进行刨削。这对于获得平滑的刨削面是非常必要的。但整平较大的木板或面板需要从多个方向进行刨削。整平操作通常从垂直于纹理的刨削起始。这样木纤维是被剥离下来，而不是切削下来。将刨身倾斜25°~30°（但刨削方向仍垂直于纹理方向）可以提高横向于纹理刨削的质量。这样有助于切削而不是剥离木纤维，从而获得更为平整的表面。

图 4-36 单手操作短刨是很容易的，但必要时也可以双手进行操作

图 4-37 单手刨削有时需要搭配刨削台。你需要找到一个感觉舒服的握持位置，以提供刨削所需的必要控制力

还有一个非常实际的问题，即在横向于纹理刨削时，刨削面的后边缘容易撕裂。用一个非常贴切的词来形容就是"棱裂"。解决的办法是，为后边缘做倒角、在后边缘之外夹上一块木板为边缘纤维提供支撑，或者提前规划好富余量，在完成整平后通过纵切切掉后边缘部分（见图4-38）。

刨削端面

刨削端面与凿切端面实际上没有什么不同，但是刨削操作更容易成功。你无法横向于纹理刨削到头，因为那样容易导致刨削结束的位置木纤维发生撕裂（见图4-39）。而且端面纹理不像长纹理那样"方向"明确，所以你需要横向于纹理刨削部分端面，然后左右翻转木板，刨削剩余部分。如果想避免端面木纤维因承受挤压而被撕裂，那么必须保持刨刀刃口非常锋利。同时，更小的有效刨削角度也会有帮助，虽然刃口非常锋利的台刨（有效刨削角度较大）效果也不错。

用水或者油漆溶剂油（不会导致起毛刺）润湿端面也可以降低端面的刨削难度。

图 4-38 发生了轻微的棱裂

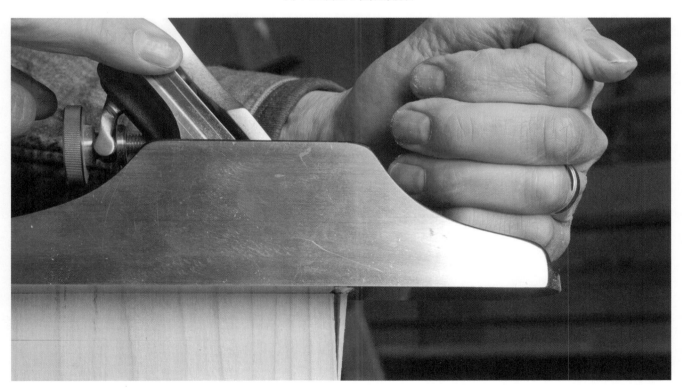

图 4-39 刨削端面时，后边缘被撕裂

划线刀和划线规

　　划线刀和划线规是很多手工工具的重要伙伴。刻划的线可以提供精确的凿切引导。在将木板刨削到划线规刻划出的厚度线时，在靠近刻划线的位置，你会看到羽化的边缘（见图 4-40）。

　　划线刀和划线规也可以改善机器的操作效果。清晰明了的刻线对所有的操作都有帮助，而划线规的可重复性也意味着刻线可以被精准地反复标记。在设计章节，我们会进行更详细的讨论，但重要的是，正确使用这些工具并获得最好的结果。

　　每个人都有自己偏爱的划线刀风格，从 X- 阿克托（X-Acto）刻刀到高档定制刀。它们的设计宗旨都是相同的：在木料上刻划出清晰准确的线条。它们的主要区别在于，有些刀具只有单刃面，背面是平整的，有些刀具是双刃面，且刃面两侧具有同等的锥度变化。前者在配合较薄的直尺画线时效果很好，因为平整的背面可以紧密贴靠直尺边缘，使划线刀容易握持，也容易保持与操作面的垂直角度。如果需要画线的部件形状特别，会妨碍划线刀垂直于操作面，此时双刃面的划线刀更为合适，只需保持一侧刀刃平贴参考边缘。注意，这两种划线刀在研磨时都可能出现小斜面。这对双刃面的划线刀来说是个问题，因为小斜面会代替主斜面贴靠在直尺边缘，从而使画线偏离主斜面的引导，导致画线的位置出现偏差（见图 4-41）。

　　划线规分为几种：配划线刀的（包括直刀片和划线盘）、配划线针的以及安装铅笔的（见图 4-42）。配有划线刀的划线规可

图 4-40 该边缘被刻划了厚度线，在沿刻划线进行刨削时，部件上出现了可见的羽化边缘

划线刀上的小斜面

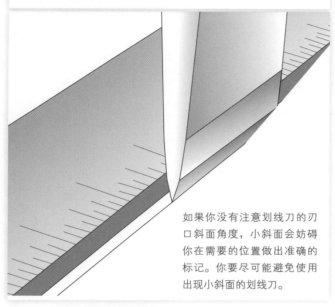

如果你没有注意划线刀的刃口斜面角度，小斜面会妨碍你在需要的位置做出准确的标记。你要尽可能避免使用出现小斜面的划线刀。

图 4-41 小斜面会妨碍准确画线

图 4-42 划线规的刻划部件可以是划线刀（图中左后）、划线针（图中右侧），也可以是划线盘（图中前面）

研磨划线刀

图 4-43 将划线刀的刀尖稍微磨圆一点可以使划线刀更易于使用

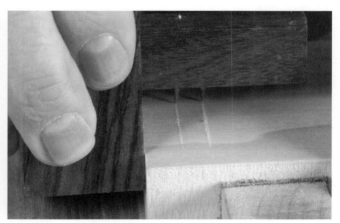

图 4-44 划线针横向于纹理划过，留下边缘带有绒毛的刻线

能最为有用，因为它们无论是顺纹理还是横向于纹理都能切出边缘整齐的刻痕。研磨直刀片时要十分小心，将刀尖稍稍磨圆可以使刻划效果更好（见图 4-43）。配有划线盘的划线规刻划效果各不相同，角度越小，刻划效果越好。划线盘的研磨相对容易。从划线规上取下划线盘，然后使用一系列的磨石或精细砂纸，逐渐增加目数，研磨划线盘平整的一面。

划线针是传统划线规使用的配件。成对划线针的间距既可以调整也可以固定在某个值（通常与特定型号的榫眼凿的宽度对应）。划线针横向于纹理刻划的效果并不好，因为它们会撕裂木纤维，而不是将其切断刻划出

边缘整齐的切口（见图 4-44）。但它们顺纹理画线的效果确实不错，这一点也是在设计榫眼和榫头时需要考虑的。划线针刻划的线在精度上可能会比划线刀的差一些。这是因为划线针的针尖是圆锥形的，其刻线的两侧均为斜面，而划线刀则可以在一侧留下垂直切口。不过对于切割榫卯接合件而言，划线针的切割效果已经足够了。可以把画线两侧的斜面想象成峡谷两侧的崖壁。只要可以沿两侧"崖壁"切到底（两侧斜面汇合），就可以切割出完美匹配的接合件（见图 4-45）。

铅笔划线规适合粗略画线时使用，可以留下清晰可见且易于擦除的线条，但是与划线刀和划线针相比，铅

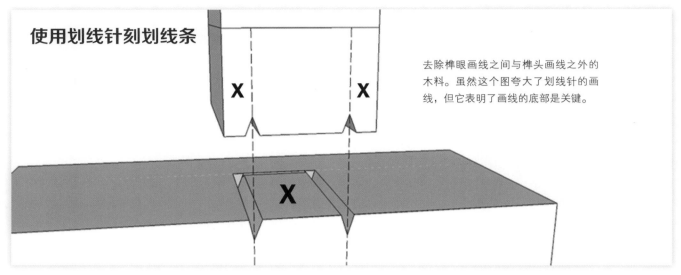

使用划线针刻划线条

X　　X

X

去除榫眼画线之间与榫头画线之外的
木料。虽然这个图夸大了划线针的画
线，但它表明了画线的底部是关键。

图 4-45 划线针的画线

笔画出的线条通常不那么的精确，因为笔尖并不能一直
保持尖锐。

使用划线规

划线规看似很容易使用，但仍然存在很多挑战。在
画线时，保持划线规紧贴木板的末端并不容易做到。

首先将正在画线的木板顶在一个木工桌挡头木或限
位块上。这样你就不需要集中精力用另一只手将木板保
持在合适的位置。握住划线规，用其靠山顶住木板边缘，
这样你的大拇指和中指或食指可以紧靠在靠山之后。在
画线时，大部分压力应该集中在保持靠山牢牢抵靠正在
画线的木板末端上。专注于这一点而不是紧盯着画线，
失误的可能性会大大减小。向下的压力只是顺带解决的
问题。

确保将工具拉向自己的身体进行画线。在以肘部和
肩膀作为枢轴时，如果将划线规推离身体画线，手更倾
向于脱离木料表面，无法压住划线规完成画线。你当然
可以克服这个问题，但明显不值得投入这样的精力。拉
动画线很容易，前臂的转动趋势会使划线规自然地压紧
木料（见图 4-46）。

使用划线刀或划线针时，将划线规沿切割方向稍稍
前倾会有帮助。这会使划线刀或划线针稍稍倾斜并偏离
垂直方向，从而使刻线更加清晰整齐。当然，对于配备
划线盘的划线规，则不需要这样做（因为不会带来任何
改变）（见图 4-47）。

图 4-46 拉动划线规，围绕肩膀转动的自然趋势会使划线规紧紧抵
靠木板的末端

图 4-47 在拉动划线规的同时，使其向身体方向倾斜一点可以使刻
线更加清晰整齐

刮刀

卡片刮刀仍被认为是专业人士的秘密武器。它们可能是你能买到的性价比最高的工具（几乎在任何预算情况下都可以买到高品质的刮刀），并且无论木料的纹理走向如何，它们都可以将木料表面处理平滑。为什么将它们视为秘密武器呢？可能是因为刮刀研磨过程颇为复杂，很难掌握。但实际上，只要一点技巧和练习就可以掌握为刮刀制作毛刺的技术，获得实际操作的手感也不是什么难事。

卡片刮刀的一个神秘之处在于它的名字，实际上，它们并不是在"刮"木料。真正的刮削操作会将木纤维挤压破碎（粉碎木纤维）。这是失去毛刺（和锋利刀刃）的刮刀实际起作用的方式，而典型的有毛刺的刮刀具有锋利的刀刃，其工作原理更像刨刀。刮刀的刀刃很小，其主体不允许其刀刃远距离地刮削木纤维，所以对于难以刨平的木料，这是一个很不错的工具。

想要为刮刀的刀刃制作毛刺，需要用磨光器研磨刀刃。这种毛刺很脆弱，难以持续很长时间，但是每个刮刀有四个边缘，它们都可以研磨使用，而且不只是使用刀刃的中间部分，通过改变手的位置，还可以使用其他部分。

研磨刮刀

研磨刮刀是一个结合了研磨和随后的将金属塑形成合适的刀刃的过程。这是一个多步骤的过程，看起来似乎比较复杂。但如果你熟悉了这些步骤，就可以轻松快速地完成操作。

你可以从锉削或"磨合"刀刃开始。完成这道工序使用 6 in（152.4 mm）的粗磨锉刀效果最好，你可以在专业五金店找到这种工具。为锉刀安装一个手柄，可以使握持更容易，而且更安全（锉刀的柄脚可以严重戳伤手掌）。锉削主要是为了去除之前的毛刺或研磨硬化钢（这个过程最后的抛光操作可在一定程度上硬化钢材，为形成新的毛刺创造条件）。保持刮刀直立，用台钳将其夹紧，将超出台面的部分保持在 1 in（25.4 mm）左右。左手握住锉刀刀柄，保持锉削面与刮刀垂直，然后前推锉刀（见图 4-48）。你可能会注意到，锉刀最初并没有

图 4-48 用锉刀徒手磨合刮刀的刀刃

图 4-49 这款非常简单的夹具用于夹住锉刀，以磨合刮刀的刀刃。当你向前推动锉刀时，只需将木料紧贴刮刀表面

很好地切割钢材；这是由于之前的抛光，刮刀的刀刃部分得到硬化，可以稍加抵御锉削的缘故。继续锉削，直至你感觉到锉刀可以沿整个刀刃长度方向锉削钢材。保持锉刀与刮刀维持精准的垂直关系极具挑战性，不过，在向前滑动锉刀时，如果将右手的手指背侧靠在台面上，维持正确的垂直关系进行锉削还是可行的。将大部分向前的运动限制在下半身。

一些公司出售特殊的夹具和导板，可以帮助你保持锉刀的锉削面垂直于刮刀刀刃进行锉削。你也可以在一块木块上切割凹槽自制导板夹住锉刀，然后沿刀刃笔直地推动锉刀即可（见图 4-49）。

下一步是用磨石研磨刀刃。锉刀锉削后的表面比较粗糙，并会产生错误的毛刺，所以需要在一块金刚石磨石表面或者放在平坦硬质表面上的非常精细的砂纸上对刮刀稍做精修。像研磨凿子或刨刀时那样，用更精细的砂纸研磨刮刀的刀刃，得到的刀刃更为耐用。一个引导木块可以帮助你在用磨石研磨刮刀的刀刃时保持刀刃垂直于研磨表面。一块好用的引导木块通常长 8~10 in（203.2 ~254.0 mm），端面边长 1½ in（38.1 mm）。只要把引导木块放在磨石表面，然后将刮刀贴靠在木块侧面，沿磨石表面前后移动即可。在磨石表面移动引导木块和刮刀时，需要尽可能地利用整个表面，以免研磨区域过于狭窄造成局部过度磨损（见图 4-50）。

然后将刮刀平放在磨料上，研磨一到两次以去除毛刺，并将刀刃整平。刮刀刀刃的每个边角都应该尖锐整

图 4-50 在这里，我正在用磨石研磨刮刀的刀刃。保持刮刀和引导木块在整个磨石表面移动

齐。如果刀刃边角存在任何磨圆迹象，你应该重新进行锉削，否则无法正常使用刮刀。

现在是时候"恢复"毛刺了。为此你需要一个磨光器。磨光器是一根硬化钢棒（有的带有手柄，有的嵌在夹具中），用于在刮刀刀刃上形成新的毛刺。

如果你使用的是简单的磨光器，首先将刮刀平放在台面距边缘约 ¾ in（19.1 mm）的位置。然后将磨光器平放在刮刀正面，横向于正面刮擦几次（见图 4-51），接下来将磨光器的手柄稍稍下压（台面边缘可以防止下压过多），并以这种稍稍抬起的小角度继续刮擦几次。实际上，刮擦并不需要施加很大压力（力道大致相当于把花生酱抹在面包上所用的力），来回刮擦 4~6 遍足够了。

在研磨时，有些人会滴上一些油来润滑钢材。你可以这样做，但是绝对没有必要。塔格·弗里德（Tage Frid）曾经讨论过使用"鼻油"。他会用大拇指沿鼻翼摩擦，然后在研磨之前，沿刀刃用大拇指小心地擦拭。也许你可以模仿，但是再次强调，根本不需要用油。

现在，将刮刀的刃口部分移出台面边缘。将磨光器竖直握在手里，通过大拇指对磨光器施加压力使其抵靠住刮刀的刃口。保持磨光器与刮刀的正面成 90° 角，向着自己的身体方向拉动刮刀研磨三遍，然后将磨光器顶部向内倾斜约 5°（仅 5°），以同样的方式拉动磨光器再打磨三遍（见图 4-52）。再次强调，研磨时不需要施加很大的压力。你应该能够感觉到刀刃上形成了细小的毛刺。然后根据需要旋转或翻转刮刀，继续研磨剩下的三侧刀刃。

如果需要使用磨光器夹具，请参考其自带的使用说明。

使用刮刀

刮刀既可以推动，也可以拉动。重要的是将其保持在适当的角度，在刮刀

图 4-51 研磨刮刀毛刺的下一步是硬化刀刃

图 4-52 最后，研磨出实际可用的毛刺

刀刃的后面施加压力，并主要依靠下半身力量产生前推或回拉的力。与操作手工刨一样，使用刮刀也需要一些手臂动作（大部分动作源于肩膀），但是如果你能像使用手工刨时那样保持上半身的姿势，并从脚尖开始发力前推，那么大多数情况下的操作效果会更好。在推动刮刀进行刮削时，双手的大拇指会并拢按压在刮刀底部刀刃的中央位置，在刮削时，它们可以碰到部件。食指则是扣在刮刀顶部，中指和无名指则贴靠在刮刀两侧。拇指用力向前按压，其他手指则是用力后拉刮刀两侧，使刮刀借助自身弹性略向前弯曲。此时肘部应靠近身体，并位于髋部前方。将刮刀前倾45°放在部件表面，轻轻向下推，同时向前移动身体。你可能需要根据自己的情况稍微调整角度，但你应该能感觉到刀刃切入了木料，可以刮削产生非常精细的刨花（不是粉末）。可以根据需要调整压力和角度，直到你找到可以刮削出精细刨花的感觉（见图4-53）。

拉动刮刀进行刮削时的抓握方式似乎看起来更为自然。此时大拇指应保持在刮刀前侧，并分开放在两边，而其他手指都按在刮刀背侧，食指靠近刮板中央，向下靠近刀刃。你的肘部此时也会远离身体并适当外展。如果需要，用大拇指稍稍弯曲刮刀（这样可以提供较为精准的控制），将刮刀朝向身体倾斜45°，然后回拉（见图4-54和图4-55）。下半身的运动应该是为了将身体重心重新移回脚后部（当然，你的双脚应该分开，保持基本的平衡姿势）。

图 4-53 推动刮刀进行刮削与推动手工刨进行刨削一样，需要全身参与其中。但整个操作始于正确的抓握方式

图 4-54 拉动刮刀进行刮削是另一种选择。大拇指应分开放在两边

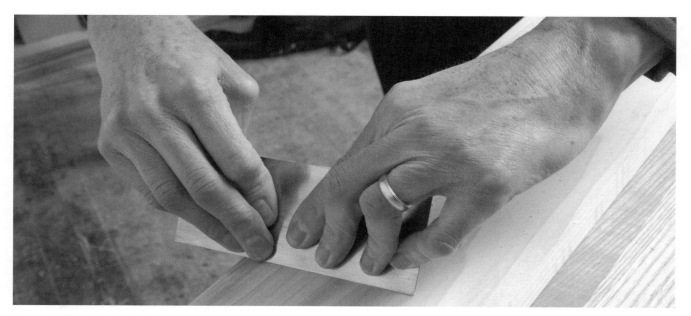

图 4-55 其他手指按在刮刀背面并指向中央

无论使用哪种握法操作，都需要注意双手之间的压力平衡，尤其是在刮削较为狭窄的边缘时。因为在刮削狭窄边缘时，很容易出现一侧用力过大，导致棱角被撕裂的情况。在废木板上多做一些练习，掌握发力技巧，以避免发生这种情况。

这里有一些简单的解决方法。你可以将手套上的大拇指部分剪下，并在刮削时将其套在大拇指上。如果你不想自己做，一些木工产品供应商可以提供用皮革和塑料制作的手指护套（通常与雕刻工具一起列出），不要错过它们。或者，你可以将一块冰箱磁贴粘到刮刀上，磁贴具有良好的隔绝效果，可以防止拇指被灼伤，如果需要研磨或者更换刮刀，磁贴也可以被轻松移除（见图4-56）。

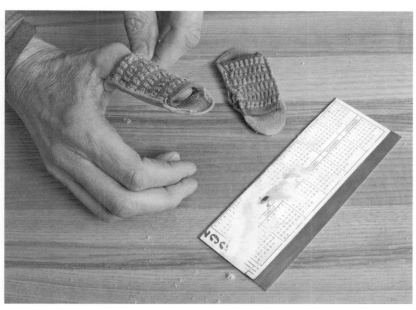

图 4-56 你很快会注意到，刮擦时刮刀很容易变热，特别是在推动刮削时

其他刮刀

卡片刮刀并不是刮削的唯一选择。有很多工具可以看作是刮刀与手工刨的结合体。这些工具包括刮刨和木工刮刀。你还可以使用小角度、刃口斜面朝上固定的手工刨，搭配一个以较大角度研磨的刨刀（次级刃口斜面），将其作为刮刨使用。这些选择有一个共同的优点，即可以在清理表面的同时保持木料表面平整。不过，你不应该首先使用这些方法来整平木板或面板。它们是用来精修木料的（去除少量木料），并且通常需要更多的推力才能完成操作。这些工具的研磨方法也不同于其他工具，通常需要以45°角来研磨刀刃。有些人喜欢研磨出毛刺，但是大多数情况下，只需研磨出用于刮削的锋利刀刃。以75°~90°的角度研磨一个小角度、刃口斜面朝上的刨刀可能不是徒手可以解决的，甚至使用成品研磨夹具也无济于事。解决的方法是根据所需角度制作一个引导木块引导研磨。此时研磨出毛刺也不是必需的，但是如果结果不尽如人意，你可以尝试一下，看看结果如何（见图4-57）。

将一个小角度手工刨当作刮刨使用看起来有些奇怪，但是它有两个优点：第一，它比任何专门设计的刮

图 4-57 我将左手移开以展示引导木块，如图所示，即便这样也很难研磨

刨更容易调整；第二，它能够更好地消除震动。这是因为转换为刮刀模式的小角度手工刨，其刀片有效厚度为 4 in（101.6 mm），但高度只有 $1/8$ in（3.2 mm）。而对于刮刨，这些尺寸是相反的。刮刀会变得很热！用指套或者冰箱磁贴来保护你的手指。

图 4-58 凿子也可以作为刮刀使用，特别是在其他工具很难够到的位置

你有时甚至可以使用凿子作为刮刀。将凿子垂直于木料表面握持，然后将其向后倾斜 15°（见图 4-58）。一只手像握铅笔一样握住凿子靠近刀刃的位置，另一只手则握住凿子的手柄，在你沿木料表面拉动凿子的时候支撑工具。你必须找到向下的压力（不能施力过大）与向后的拉力之间的平衡点，直到获得良好的刮削效果。

手锯

锯切是所有木工操作的基础。这个过程看起来似乎很简单，只是通过锯齿切掉木料，但是木料的纤维性质使这个过程比实际看到的要复杂得多。那么，手锯是如何切割木料的呢？第 1 章中提到的"稻草束"模型有助于解释这个过程。

纵切

平行于木纤维长度方向进行的切割叫作纵切。纵切锯往往被设计成能够切掉与木料主体侧面相邻的、容易被分离开的小段木纤维。

纵切锯的锯齿有特定的取向，锯齿边缘为横向的直刃，与木纤维垂直。它们本质上就像一排接近直立排列

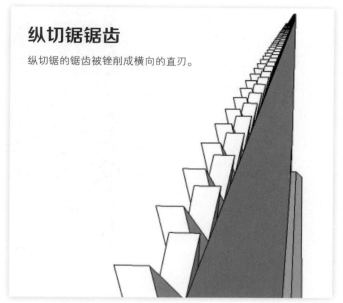

纵切锯锯齿

纵切锯的锯齿被锉削成横向的直刃。

图 4-59 纵切锯锯齿的排列

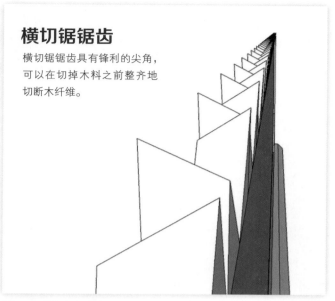

横切锯锯齿

横切锯锯齿具有锋利的尖角，可以在切掉木料之前整齐地切断木纤维。

图 4-60 横切锯锯齿的排列

的凿子。以这样的大角度排列，锯齿同样很像刮刀（见图 4-59）。锯齿这样偏置非常适合纵切（锯片横向于端面纹理进行切割），或者锯片侧面平贴木料表面平行于木纤维方向顺纹理切割（不是常见的切割方式）。这是因为在这两个方向上进行切割时，被切割的木纤维与其两侧相邻的木纤维之间的连接都很弱，在切割时木纤维可以整齐地分离。

横切

横切与纵切不同，因为横切涉及横向切断纹理（垂直于木纤维的走向）。如果使用纵切锯进行横向切割，纵切锯的锯齿虽然很容易将木纤维碾下，但是这些木纤维会偏离预期的切割方向向两侧延伸。因为木纤维本身的强度要比木纤维之间的连接强度更高，切口两侧的木纤维会被撕裂，导致无法形成整齐的切口或者预期的切割样式。为了解决这个问题，横切锯在锯齿的外缘设计了锋利的尖角，使其可以像刀刃一样发挥作用，在推开目标区域的短木纤维之前，先把木纤维整齐地切断。这些尖角所在的锯刃在锯片上左右交替排列，有规律地沿锯片交错延伸（见图 4-60）。

使用横切锯进行纵切面临的问题比使用纵切锯进行横切的问题要少。使用横切锯纵切只是速度比较慢。所以，横切锯具有更强的通用性。这并不是说，纵切锯不能进行横切，只是使用纵切锯进行横切只能得到参差不齐的边缘。

扩展到电动工具领域，纵切锯片和横切锯片之间的

差别仍然是这样的。实际上，台锯锯片的锯齿样式与手锯锯片的锯齿样式惊人地相似。尽管有专用的横切锯片和纵切锯片（以及许多锯切其他特殊材料的锯片），但也有一些锯片兼具有效纵切和横切的特性。这些锯片本质上更接近于横切锯片。它们具有尖角的锯刃，可以先行切断木纤维，并且通常还具有第三种齿形，被设计用于快速清除木屑。在纵切时，它们虽然赶不上纵切锯的锯切速度，但锯切效率还是不错的。

锯齿偏置

大多数的手锯锯片还有一个非常重要的特征：锯齿经过了偏置处理。所谓偏置，是指锯齿一定程度上向左右两侧偏移，因此锯缝的实际宽度尺寸（锯片的切割路径）要比手锯锯片的主体厚度尺寸更大一些。锯齿的偏置设置是解决摩擦问题的实用方法。如果锯缝没有足够的空间容纳锯片，那么锯片很快就会卡顿在切口中，并且随着锯切深度的增加，这种情况会越发严重。偏置的量（以及精度）是影响手锯切割质量的一个主要因素。此外，还有另一种不常见的解决摩擦问题的方法。一些优质的锯片在设计上改变了锯片的横截面，使得越靠近锯齿的部位，锯片就越厚。一些特殊的手锯锯片专门被设计用于锯平表面，这类锯片可能完全没有经过偏置处理（或者只对远离锯切表面的一侧进行了偏置处理）。这样可以防止锯齿在切割过程中刮伤木料表面，这对于经过偏置处理的锯片来说是时常发生的。

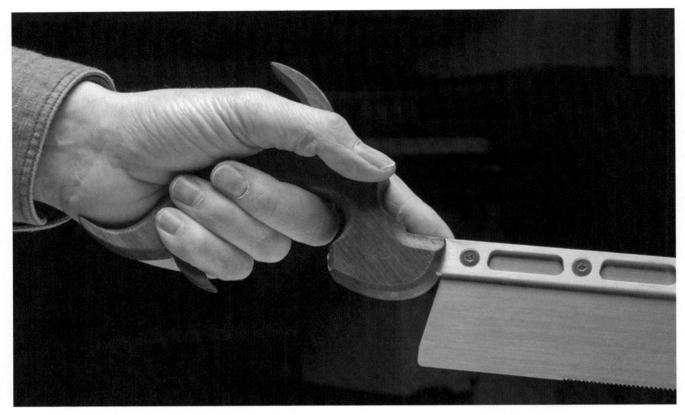

图 4-61 手锯的基本握持姿势是放松的，并且在设计上可以使你的手和前臂与锯片对齐，以实现最佳的切割效果

锯切技术

糟糕的锯切技术很难获得理想的锯切效果。锯切的精度和质量完全取决于你的投入程度，以及身体与工具的对齐关系，发力的源头也是至关重要的。

培养好的锯切技术应当从握持姿势开始，良好的握持姿势有助于调整整个身体的对齐关系。首先将三根手指（中指、无名指和小拇指）缠绕把手。你的食指应该指向前方，并贴靠在锯片背部。为此，质量好的手锯通常会在手柄上设计一个小缺口。大拇指也应该指向锯片的末端（见图 4-61）。与很多其他工具一样，从前臂延伸出的直线应该继续沿手锯延伸（见图 4-62）。此时手腕处于中立位置。这一点要特别注意。如果前臂未与手锯保持在一条直线上，那么你就不得不通过手腕和肩膀进行补偿，才能使手锯保持直线运动（见图 4-63）。这并非不可能做到，但是比较难做到。现在可以调整身体的其他部位了。

到现在为止，你应该对身体其他部位的姿势很熟悉了，就是基本的木工操作姿势。与握锯的手相对一侧的脚应当在前，并靠近木工桌站立。另一只脚在后，双脚间距至少与肩同宽，且双脚成 45° 角。髋部也应与部件

成 45° 角。在锯切时，肘部应该可以自由摆动刚好经过髋部。

推动手锯的大部分力量应该来自肩部。除了肘部的转动，手臂的其余部分应当感觉像是一个连杆，没有多余的动作（见图 4-64）。然后，力量会通过掌根部位直接传递到手锯上。握持应当保持放松的状态，用力握持只会增加肌肉的张力，并不能增加控制力。

当所有动作都处于正确的对齐状态时（并且有机会进行练习），你就可以平稳地来回锯切了。练习抓握动作，并注意保持锯背的直线运动。你可以想象是在一个轨道上前后移动锯片，没有任何左右方向的摆动。

起始锯切

毫无疑问，对初学者来说，纵切的起始阶段是最困难的部分。你似乎除了向后拖动手锯，其他什么也做不了。这样切割通常会产生一条凹痕，给起始锯切造成更多的麻烦，因为很多锯齿会卡在这个凹痕中。

通常，从木板的一角开始锯切要比沿整个边缘锯切更为容易。可以用另一只手的手指背部靠在锯片侧面提供引导，将手锯定位到所需的位置。不要施加任何向下的力，向前推动锯片开始锯切。在开始时，想着将手锯

图 4-62 良好的对齐关系是精确锯切的关键。我会用指尖提供协助，将锯片定位在所需的位置

图 4-63 前臂和锯片没有对齐会增加额外的移动，并导致控制难度大增

图 4-64 将大部分注意力集中于源自肩部的运动

试用

可以的话，最好在购买之前试用一下手锯。你可以从中获得很多关于锯切质量的信息，同时还应该注意手锯把手的尺寸。如果手锯把手对你的手来说太大，你需要额外增加握力才能将其握住；如果把手对你的手来说太小，你会有一种无处着力的拥挤感。

图 4-65 回拉纵切锯会产生凹痕，使起始锯切变得更加困难

从部件上抬起可能有助于提高锯切质量。如果你喜欢，也可以通过回拉锯片起始锯切，但是同样需要考虑将手锯从部件上抬起，以免留下凹痕（见图 4-65）。尽管最终目标是获得接近手锯全长的、平滑的长程锯切动作，但在开始时，以较短程的动作锯切更有助于上手。当你横向于木料顶部的线条进行锯切时，短程锯切更容易控制。当你可以顺利地跨越整块木板锯切时，就可以集中精力沿正面的轮廓线锯切。让手锯自然切入，不要锯切过猛，也不要施加太大的压力。如果整体动作正确，且锯片足够锋利，你应该产生手锯本身的重量足以引导锯切的感觉。你可能需要在回拉锯片时施加向下的压力，这样锯片才不会反弹或者跳出切割路径。不同类型的手锯对压力的需求会稍有不同。

为了让操作更轻松，你当然可以尝试一些不同的锯切策略（锯片平贴顶部起始锯切、从远端的边角起始锯切等）。不过，这些尝试都不会改变锯切的基本原则。

锯切过程中仔细倾听手锯发出的声音。锯切的声音

听起来不应该是断断续续、磕磕绊绊的，而应该是平滑流畅的；不应该是紧绷的，而应该是轻松的；不应该是杂乱无章的，而应该是节奏分明的。声音是工具使用中

调整偏移

如果一个手锯始终存在向一侧偏移的问题，可能是因为这一侧的偏置超出了预期。用磨石轻轻打磨这一侧的锯齿，以消除任何不规则性，同时可以使锯切更加整齐精确。在锯片侧面贴上一些遮蔽胶带，其中一条贴在锯齿上方，另一条贴在高于锯齿约 1½ in（38.1 mm）的位置。遮蔽胶带可以防止划伤锯片。将手锯平放在木工桌上，使用精细的磨石（1000 目左右）沿锯片的长度方向轻轻打磨一到两个来回。

最容易被忽略的细节之一，但令人惊讶的是，多听一听声音就可以学到很多东西。锯切的声音与整体锯切质量密切关联。

在锯切动作变得流畅之后，你仍然需要做一些尝试，来学习垂直切割。首先要确定部件是否被台钳垂直夹紧。如果是，那么垂直切割就会成为自然选择；如果木料没有被垂直固定，你就需要调整自己以倾斜的角度进行切割。但找到锯切的感觉也是需要时间的，在这个过程中你会意识到，需要了解垂直切割的感觉，因为它构成了其他直线锯切的基础。锯片是否需要向左侧或右侧多倾斜一点？除非你的锯切手感非常好，否则很难做出正确的判断，而不正确的判断会导致锯切偏向一侧。在进行这种尝试的时候，请保持放松，并确保其他基本要素都处于正常运行状态。当你找到了垂直锯切的感觉时，就可以开始任意形式的直线锯切了。

砂纸

将砂纸视为一种工具似乎有些奇怪，但本质上，砂纸就是一种工具。砂纸是一种很常见的去除毛刺、抛光木料和涂层表面的工具，因此有必要搞清楚砂纸的工作方式，以期获得最充分的利用。

砂纸的工作原理很容易理解：依靠砂纸上的磨料在木料表面形成划痕。制作出足够多的划痕，就可以磨掉一层木料。通过使用更为精细的砂纸产生更为精细的划痕，就能够去除之前较大较粗糙的划痕，最终形成光滑的表面。

用砂纸打磨出的光滑表面与刨削平整的光滑表面大不相同。经过打磨的表面是被磨平的，实际表面上有无数细小的划痕。刨平的表面是被切削平整的。撇开对手工工具操作优缺点的争论，一个经过良好打磨的表面通常总体上更为均匀，看起来也更暗一些，因为其表面划痕对光线的散射效果大于刨削整齐的表面。经过精细刨削的表面仍能看出纯手工操作的痕迹，显示出不同刨削笔画的叠加关系，以及随着刨削的进行，刨刃轻微钝化的痕迹。可以根据预期的结果选择整平方式；这既是质量问题，也是风格和设计的问题。

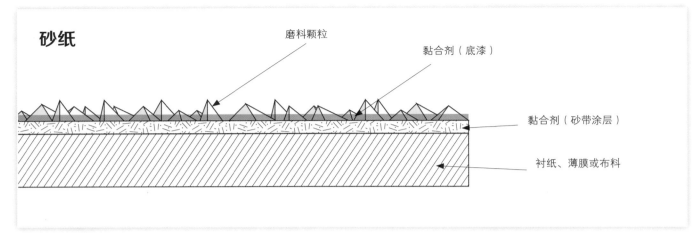

砂纸

磨料颗粒

黏合剂（底漆）

黏合剂（砂带涂层）

衬纸、薄膜或布料

图 4-66 砂纸剖面结构

使用不同的砂纸肯定存在效果上的细微差别，而且打磨效果好和打磨效果差之间差别巨大。

首先，砂纸有多种类型。并不是只有木工操作会使用这种打磨工具，很多类型的砂纸（和打磨胶膜片）是专门为不同材料或表面处理涂层设计的。它们在磨料颗粒的类型、背衬材质以及磨料颗粒与背衬的黏合方式等方面有所不同（见图 4-66）。一些砂纸会添加润滑类的矿物质（硬脂酸盐），可以防止锯屑或表面处理涂层的颗粒堵塞砂纸。木工操作中最为常用的磨料是石榴石、氧化铝、碳化硅（通常搭配润滑剂一起使用，且只用于磨料颗粒较细的砂纸中，因为这种矿物非常锋利，较粗的颗粒会在木料表面留下难以消除的深度划痕）和硬脂酸氧化铝（添加了皂性矿物涂层，可以防止锯屑堵塞砂纸）。在打磨表面处理涂层时，硬脂酸氧化铝砂纸显得尤其重要，因为来自表面处理涂层的颗粒更易堵塞砂纸。用于打磨原木的精细硬脂酸盐砂纸也非常有用，可以较长时间地打磨而不出现堵塞。

有多种划分砂纸粗细等级的标准。其中三种主要标准分别是 CAMI（美国标准，使用 120、150、220 和 320 等数字进行分级）、FEPA（欧洲标准，用"P"后跟数字的形式进行分级，例如 P220 和 P280）和微米分级（仅基于磨料颗粒的微米尺寸进行分级，例如 15 微米或 0.5 微米）。

打磨的第一个也是最重要的原则就是，绝对不要横向于纹理进行打磨。与大多数经验法则一样，这里也有一些例外，但这些例外仅适用于可以通过随后的顺纹理打磨消除之前横向于纹理打磨产生的划痕的情况。这些划痕是你不能横向于纹理打磨的原因。实际上，横向于

砂纸分级对比

美国标准和欧洲标准的计算公式较为复杂，并且只给出了磨料颗粒的平均尺寸。我检查过的几乎每种来源的磨料颗粒都有不同的微米当量。这张图表是我的个人经验总结，可能不是很准确。毕竟在木工操作中，重要的是磨料颗粒的相对等级，而不是确切尺寸。

CAMI （美国标准）	FEPA （欧洲标准）	微米分级
	P80	197
80		192
	P100	156
100		141
	P120	127
120		116
	P150	97
150		93
180	P180	78
220		66
	P220	65
	P320	46
320		36
	P400	35
	P600	26
400		23

图 4-67 横向于纹理打磨是大忌

纹理的划痕会以非常明显的方式切断木纤维，这些划痕在表面处理涂层上尤为明显（见图 4-67）。顺纹理打磨产生的划痕通常与纹理本身融为一体。不过，端面纹理的走向则不必过多考虑。

　　端面纹理有自己的问题。与打磨长纹理面相比，用砂纸打磨端面需要更多的工作量，主要是因为其打磨难度相当于打磨一捆管子的末端。端面纹理不容易打磨，因此与等面积的长纹理面相比，你会花费更多的时间。将端面打磨到比其他部分更精细的程度也是必要的。这有助于防止在表面处理后，端面看起来比其他部分明显偏暗。

　　砂纸可以单独使用，也可以与辅助工具（打磨垫或打磨块）一起使用。单独使用砂纸进行打磨，可以让你直接感受到砂纸对木纤维的切割，这种感觉要比使用打磨块打磨时更加强烈，因为打磨块会将打磨时的压力分散到更大的区域。但是，单独使用砂纸进行打磨更容易导致打磨不均匀，很容易出现早材打磨过度的情况，因为早材相比晚材质地要软一些。使用打磨块则可以完全消除这些问题。

　　如果没有打磨块，手工打磨最好的方式是将砂纸折叠成"打磨垫"。这样可以更好地抓住砂纸，并能稍微分散压力。下面我会介绍一些折叠砂纸的方法，并教你如何避免砂纸上的磨料颗粒之间相互接触。较小块的砂纸可以对折，较大块的砂纸最好折成三折，就像折叠商务信函那样。整张砂纸则可以折成四折，只要切开其中一条折痕，一张完整的砂纸就可以通过向内折叠折成四折，同时磨料颗粒之间不会有任何接触（见图4-68）。

质量最好的打磨块，其表面留有一定的余量，这样有助于分散压力。底部带有软木或硬毛毡的打磨块打磨效果很好。曲面打磨块（从弯曲的废料上切出并加工成形）对于打磨很难用手工刨刨削的曲面部分具有奇效，且不会遇到纹理方向的问题。

毕竟，这只是砂纸，所以讨论如何握持和使用它似乎有点傻。尽管你可能永远不会看到或评论，甚至根本不会注意到，一件精心打磨的作品是多么得漂亮，而糟糕的打磨很容易毁掉一件原本优秀的作品。考虑到这种

内在的不公平性，确实需要一些人体力学的知识来改善打磨操作。

由于肘部和肩部的可旋转特性，打磨动作很容易形成弧形的运动轨迹（见图4-69）。经过染色剂或者相对光亮的表面处理产品处理的作品表面，这些弧形的打磨痕迹（存在少许横向于纹理的划痕）会变得更为明显。因此，向着身体来回直线打磨更为合理。不过，这样操作也存在一个问题，当你只用手打磨时，手指下压砂纸的幅度会比手指之间的间隔更大（这个问题只有在打磨关键的表面处理涂层时才会显现出来），可能会影响打磨的均匀性。

你也许会在打磨大型桌面时遇到麻烦，因为桌面过

图 4-68 折砂纸

图 4-69 曲线路径是在身前横向打磨木料时身体的自然趋势，你需要尽量克服这种趋势

长，你无法直接沿桌面的长边一次打磨到底，可能需要从一侧打磨到另一侧。学习这种打磨方法是很有价值的，尽管仍然需要弥补不太理想的身体力学带来的影响。使用这种方法的优点是，无须担心推动工具的问题，也不需要施加太大的力，只需集中精力单纯地沿直线移动砂纸进行打磨。这样打磨一段时间，你就可以掌握诀窍，动作也不会像刚开始时那样笨拙。

尽量避免使用砂纸新撕开的毛边沿部件的边缘打磨

（这种部位适合用打磨块或松软的砂纸处理）。因为新撕开的砂纸的毛边会卡住部件边缘松散的木纤维，并将其撕裂下来。（这有点类似于剪纸。）

在打磨木板端面时要特别小心，不要将端面的棱角磨圆，要始终保持将压力作用在顶面上。选择狭窄的打磨块，并在操作时将压力集中在打磨块的中部，可以有效地避免磨圆棱角。

电动机械

在处理木材时，电动木工机械的宽容度有时会更高一些。这就导致了在某些时候，你会对木材的特定属性表现得漠不关心。但大多数时候你会发现，必须公正对待任何一种木材；如果你忽略了木材的特性，或者违背了木工操作的基本准则，就要付出代价。使用电动木工机械当然可以更快地操作，但木材的属性不会因此而改变。电动机械与木材的相互作用方式与手工工具是相同的，都是基于工具的切割作用和木材自身的纹理。更好地理解工具的切割方式和木材的特性，是获得更好的切割效果的基础。

台锯

圆锯片的确切起源尚不清楚，有人认为最早的圆锯片出现在 16 世纪或 17 世纪的荷兰，但也无法证实。第一项涉及圆锯片的专利颁发于 1777 年，专利权人是英国南安普敦的塞缪尔·米勒（Samuel Miller）。也有人认为，圆锯片是由马萨诸塞州的塔比莎·巴比特（Tabitha Babbitt）在 1813 年发明的。无论起源如何，其设计理念既高明又简单。旋转的圆锯片可以持续地锯切，不存在回程浪费的问题。其切割作用与手锯非常相似，锯齿的排列方式也很相似。锯片同样有纵切锯和横切锯之分，纵切锯的锯齿同样是经过锉削的横向直刃，横切锯的锯齿同样是用于切断木纤维的尖角左右交替排列。现在的圆锯片也有许多改进，但都基于上述基础设计。

从直线切割转变为旋转切割并不会改变每个锯齿的基本切割方式，但旋转的锯片使整体的切割发生了巨大的变化。旋转切割带来的最大好处是，切割速度快，以及进料方式的多样化，但也存在一些严重的问题，大多涉及安全性。旋转的锯片不仅会切断任何靠近它的东西，而且旋转的力量会显著增加操作风险。

一个由 1~5 马力的电机驱动的锯片，其转速可以达到 3000~4000 转 / 分钟，这意味着什么？这意味着，机器以超过 100 英里 / 时（161 千米 / 时）的速度向你回抛部件的风险非常大。而在锯切时，你需要投入大量精力控制部件通过锯片。当然，你可能需要纵切靠山、斜切

图 4-70 当锯片降低到更为安全的高度时，切口会更为向前和向下

图 4-71 抬高锯片，锯片更接近垂直向下切割

导轨或其他需要加入或制作的配件提供辅助，以控制部件。但无法回避的事实是，你对机器的控制负有首要责任，任何操控上的失误都可能导致严重的后果。

锯片上的每一个锯齿都以弧形轨迹运动，从锯片后方的台面上伸出，旋转向前直至上升到最大高度，然后继续向前旋转并下降到台面之下。切割应该只发生在弧形轨迹的前端。确切地说，切口的形状取决于锯片的高度。当锯片刚好伸出越过木料上方时，锯片旋转切割时的弧形轨迹是朝向你并向下的；当锯片升高时，更多的力量会指向下方（见图 4-70 和图 4-71）。注意，这实际上改变了切割类型，使其从顺纹理切割为主转变为横跨端面纹理切割为主。前者需要施加的力较小（虽然这不是使用台锯时需要考虑的因素），后者的切割方式实际上更接近用手锯纵切的方式，但额外的锯片高度大大增加了操作风险。

锯片的前端应该是锯片唯一与木材接触并进行切割的部位。因为锯齿前端要比锯片其余部分更厚（无论是因为类似于手锯锯齿的偏置，还是因为硬质合金锯齿本就比钢质锯片更厚一些），所以锯片不会与部件接触。如果所有对齐关系都设置到位，锯片的后半部分（锯齿朝上并向前运动）应该刚好从已经切出的锯缝中滑过。但在实际操作中，一旦开始切割，锯片的任何部位都会与木料接触。至少有三个因素很容易引发问题：工具本身的加工精度、木料以及最重要的一点——操作者控制进料的情况。

当锯片后部与木料接触时，会引起各种问题，涵盖不精确的、质量低劣的切割以及灾难性的部件回抛等诸多类型。

如果锯切靠山或锯台未与锯片对齐，那么在使用斜切导轨进行纵切或横切时，木材可能会被推入锯片的后部（见图 4-72 和图 4-73）。

木料在切割过程中也会出现形变：要么闭合锯缝，影响后续的锯切，要么形状改变，使木料难以（或不可能）与纵切靠山或台面保持紧密贴合。分离器（或分料刀）是解决这些问题的主要方法，现在所有新型台锯都要求配备这种配件，用其对老式台锯进行改装是必要的（见图 4-74）。分离器还能防止木料夹在或卡在锯片后部，但并不能保证百分之百成功。它能够作为防护装置保护锯片后部，从而减少了很多因木料触碰锯片后部带来的麻烦。即便有防护措施，在出现错误的情况下，锯片仍然可能停止切割木料，并以极快的速度将木料从锯片上抛出，这可能带来灾难性的后果。

任何卡在纵切靠山(或锯台上的任何其他固定物体)与旋转的锯片之间的东西都会以超过 100 英里 / 时（161 千米 / 时）的惊人速度被抛出。如果你不能使木料紧紧抵住靠山或台面，你可能会遇到麻烦，因为你失去了控制木板的一种有效手段。

所有这些都会导致人们对台锯的安全性产生不安的感觉，一种任何事情随时都可能发生的感觉。不仅仅是台锯，木料及其在切割时可能发生的变形，都增加了操作的不可预测性。更糟糕的是，你还会有一种感觉，认为自己不会遇到这些情况。在使用台锯时，你的目标必须是增加安全系数，永远不要陷入因为出现异常情况而引发事故的境地。

你需要在许多方面不断努力才能安全地使用台锯。你需要尽可能多地了解台锯使用的安全须知，学习正确的操作方法，装配良好的防护装置和安全设备（并使用它们），并且在保证自身安全方面从不懈怠。

正确的身体和手部姿势

正确的身体姿势对于使用手动工具非常重要，否则难以施加合适的力量并获得准确的结果。对于机器，正确的身体姿势及其运用方式不仅对获得准确的结果很

台锯使用安全须知

　　台锯是一种危险的工具，操作时要专注。尽可能多地了解它，不要因为操作轻松而放松对安全规则的关注。

　　•应始终佩戴护目镜，始终！还要记得佩戴安全耳罩和防尘口罩。

　　•切勿穿宽松的衣服或佩戴任何可能被机器卷入的配饰。长发也可能被机器卷入，应将其扎好，避免披散。

　　•始终保持操作平衡并坚实站立。

　　•操作的时候不要分心，你必须全神贯注于操作。在切割完成，台锯锯片完全停止转动之前，一定要避免外界的干扰。

　　•要么使用台锯自带的防护装置，要么使用更好的防护装置将其替换，防护设备几乎任何时候都是必备的。

　　•使用台锯时，一定要使用分离器或分料刀。如果在完成特定切割时需要将其取下，切割完成后一定要立刻将其装回。或者，可以用更好、更安全的方式进行切割。

　　•木料必须始终处于你的控制之下。台锯在切割时存在将部件回抛的自然倾向，因此你必须掌控所有事情，防止这种情况发生。你至少需要纵切靠山、斜切导轨以及一些夹具提供辅助。你还需要将部件牢牢贴靠在锯台上。

羽毛板、防回抛装置及其他附件都有助于控制操作。绝对不要徒手进料。

　　•台锯的主要控制要素罗列如下。

　　1. 必须始终将部件平稳地放在台面上。

　　2. 纵切时部件必须始终紧靠纵切靠山。

　　3. 在用斜切导轨或横切滑轨时，应将部件牢牢固定在上面。在用斜切导轨时，不要主动推动待切除的废木料部分。

　　•台锯不合适锯切小部件，任何长度小于 1 ft（304.8 mm）的部件都应该使用其他工具切割（除非部件被固定在一个较大的小部件专用夹具中）。

　　•不要在纵切靠山和锯片之间留下任何松散或没有支撑的物品。这是导致部件回抛的主要诱因。永远不要进行边角料仍然留在原位的切割。

　　•切勿同时使用斜切导轨和纵切靠山（这会在纵切靠山和锯片之间留下间隙）。

　　•切割时一定要将木板完全推过锯片（这样部件就不会留在锯片和纵切靠山之间）。

　　•不要在纵切靠山和锯片之间切割窄木条（窄木条易于弯曲，继而导致锯片卡顿和部件回抛）。应设置切割方式，使窄木条在锯片左侧自由脱落（假设靠山位于右侧）。每次切割都要重新设置纵切靠山。

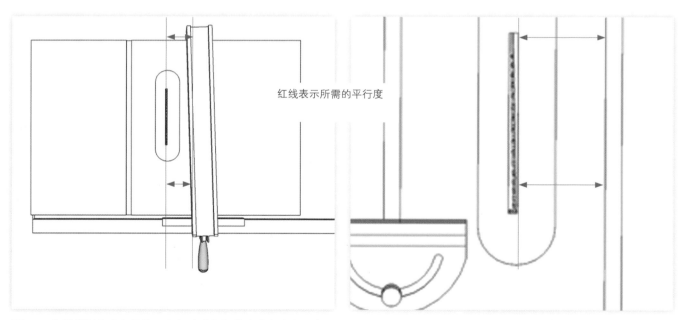

红线表示所需的平行度

图 4-72 如果纵切靠山与锯片不平行（或与锯片略成角度），在纵切木料时，木板会被推入锯片后部

图 4-73 如果锯台侧面与锯片不平行，斜切槽也不会与其平行，这样会在横切时将木板推入锯片后部旋转上升的锯齿中

- 在任何情况下都不要把手靠近旋转的锯片。在取走边角料或清理碎屑之前应关闭电源。
- 一定要全程保持小心谨慎的操作状态。
- 保持双手远离锯片！把合适的推料杆放在手边，以便必要时使用。优质的推料杆可以让你在向前推动部件的同时，保持部件牢牢贴靠在台面上。实际上，你的手更擅长做这件事。在你的手不会靠近锯片的前提下，可以直接用手推动部件，这样可以更好地控制操作。
- 保持双手远离锯片的切割路径，无论是前面还是后面。切勿把手伸到锯片后面拉动木板或抓住部件，因为台锯的回抛会把手拉向或推到锯片上。

应避免使用前面这种样式的推料杆。它有助于向前推动部件，但并不能保持部件紧贴台锯台面，而这正是控制台锯操作的重要部分。另外两个推料杆同样有助于前推部件，而且提供了更全面的控制，能够保持部件牢牢地平贴台锯台面。

- 虽然回抛的木料理论上可以反弹到任何位置，但最有可能的回抛路径是锯片前后对齐的位置。如果有人处在这条回抛路径上，千万不要操作。你自己也不要出现在回抛路径上，除非已经切割到了部件的最末端，你可以向前一步将部件推到锯片之外。
- 使用台锯时，身体和手的姿势至关重要，这不仅是为了获得最佳锯切效果，同样关乎安全，你的身体和手需要始终处于正确的位置（参阅下面关于身体姿势的内容）。留出一些容错的余量。
- 如果你对使用台锯切割的安全性有任何疑问，请选用其他切割工具。

千万不要试图从台锯上拿下任何东西。有时候你真的可能做一些非常愚蠢的事情，如果没有足够的容错余量，当出现问题时，你会为此付出代价。在做某件事情之前，听听头脑中的声音，如果那个声音告诉你这样做是错误的或危险的，那就寻找另一种方法处理。毕竟，任何事情的处理方式都不止一种。如果觉得寻找一种更安全的方法似乎有些浪费时间，你一定要权衡受伤带来的时间和金钱两方面的损失。大多数事故就是发生在你明明知道某个操作方式不太稳妥，却坚持执行，或者是当你感觉身体疲惫或虚弱的时候。

重要，而且对于操作的整体安全性同样很重要。在使用台锯时，正确的身体姿势并不容易实现。许多木匠害怕这种机器，他们认为躲在纵切靠山后面较为安全（见图4-75）。很遗憾，站在这个位置实际上很危险。它大大降低了你对部件的控制能力，具有更大的安全隐患。

纵切

站在台锯前，面向纵切靠山，髋部与锯台边缘成45°（大多数靠山都位于锯片右侧，在这种情况下，你应该站在锯片左侧，面向靠山）。请注意，这可以让你远离正对锯片的切割路径，并能让你处于非常利于控制的位置，使你能够轻松地将木料紧贴靠山进料，这是控制切割操作最重要的方式。你的脚应该保持基本的木工站姿：前面的脚朝向前方，后面的脚与前面的脚成一定角度；膝关节稍稍弯曲，髋部朝前（见图4-76）。木板尺寸会决定你的准确位置；对于较长的木板，你应该站在更靠后的位置，以平衡木板并正确地进料。如果需要

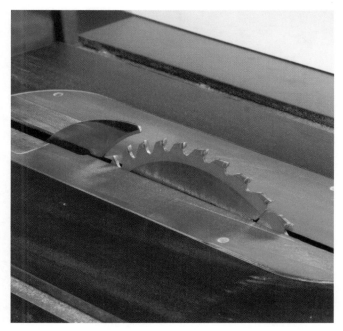

图4-74 分料刀（或分离器）是安全使用台锯的重要组成部分

图 4-75 躲在纵切靠山后面是行不通的。站在这样的位置很难在操作过程中使部件紧紧靠贴纵切靠山

靠近台锯，你可能需要借助台面支撑身体。将身体靠近台锯可以提高稳定性和控制力，这并不一定意味着，你的手会更靠近锯片。

两只手各有不同的作用。靠近靠山的那只手（如果靠山在右侧，则为右手）是用来向前推动部件进料的（见图 4-77）。推动手在向前推动部件时应尽量保持水平，否则部件会被抬起并脱离锯片。如果手掌相对于手指位置过高，会直接把部件抬离锯台，或者更可能的情况是，手掌相对于手指位置过低，把部件从锯台上撬起。通常，会把推动手放在部件末端开始进料。这只手的前臂应该与切割方向大致对齐。不过，这一点并不像在使用手工工具时那么重要，所以即使没有精准对齐也无须担心。

另一只手应该放在锯台上距离锯片防护装置几英寸的位置。这只手负责使部件紧贴纵切靠山，并将部件压在锯台上。你可能想在压紧木板的同时让部件滑过手指，

图 4-76 这个姿势你现在应该很熟悉了

或者在将木板抵紧靠山的同时让手指沿部件边缘移动。无论哪种方式，这只手都不能真正移动，并且你需要一些练习来协调双手的运动。

纵切时你应该关注哪些方面？两件事。一是你应该集中注意力保持部件的边缘紧贴纵切靠山，二是你需要确保你的手始终远离锯片。没有必要一直盯着锯片锯切，只需了解锯片的位置，保持你的手至少距离锯片几英寸即可。

通常，推动手的前臂应与进料方向对齐。在切割较长的木板时，可以将手放在身后（掌心朝上）开始进料。但在某个时间点，你必须将手的姿势切换到适用于锯台操作的姿势；此时掌心朝上的姿势就不能用了。为了避免在停止进料的情况下切换手的姿势，可以巧

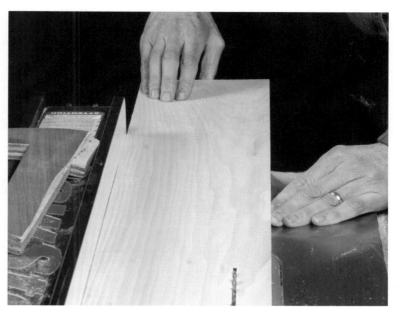

图 4-77 每只手都有自己的作用。右手用来推动部件并使其保持水平；左手则用来保持部件紧贴纵切靠山（必要时可以把左手放在锯台上）

巧用拇指

巧用拇指是指无须停下就可以转换手的姿势的技巧，具体来说，就是把进料方式从将四根手指放在木板下方推动木板转换成依靠拇指推动木板，同时将其余手指放在部件上方。

巧用拇指从掌心向上前推木板进料的姿势开始。

接下来，转动手腕，用拇指的一侧抵住木板的端面。当你继续前推木板进料时这种情况就会出现。

最后，把拇指之外的四根手指放在木板之上，拇指继续前推木板进料。

用拇指提供辅助。切割长木板通常意味着，你的身体必须从远离台锯的位置做好姿势开始进料，并随着切割的推进逐渐前移。但你仍然需要保持部件紧贴靠山和平贴锯台。这样做所需的平衡和力量会迫使你采用不寻常的步法前进。这样才能获得最可控的进料方式。从基本的、平衡的木工姿势开始。保持膝关节弯曲，髋部水平前伸，同时将后面那只脚向前移动到前面，移动时仍需保持脚尖指向侧面。

图 4-78 锯切长板时的步法

然后向前移动另一只脚，同时保持脚尖指向前方。在走路的时候，两只脚指向不同的方向便于更好地控制身体，进而控制木板的移动。在走路时保持膝关节弯曲和髋部水平也有助于保持木板平贴锯台（见图 4-78、图 4-79 和图 4-80）。

进行任何纵切时，你必须通过后面的脚向前迈步，才能把木板一直推过锯片。这确实意味着，你要暂时进入锯片的切割路径中，但是保持木板一直向前通过锯片是至关重要的，并且由于木板的大部分已经通过锯片，因此出现回抛的风险较小。

一旦推动手靠近靠山，你还应该弯曲一些手指钩在靠山上。这样可以防止这只手在推动木板经过锯片时从靠山上意外滑开。如果你的手进入到距离锯片几英寸的安全范围内，则应改用推料杆进料。进行纵切时，应始终在手边放一根推料杆（见图 4-81）。

在机器关闭且锯片处于锯台下方的情况下，练习在台锯上移动木板是个好主意。

横切

横切通常比纵切容易得多。主要的关注点是保证部件牢牢抵靠住斜切导轨。如果木板太宽（并且斜切导轨不能从锯台上起始固定），或者木板太长，无法轻松地用斜切导

图 4-79 后面那只脚向前迈进，同时脚尖仍指向侧面。这样的步法看起来有些笨拙

图 4-80 最后，回到基本的木工姿势以完成切割

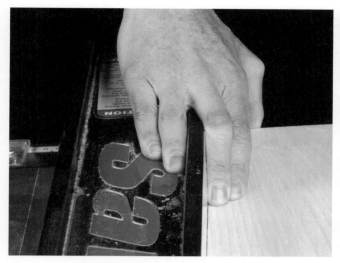

图 4-81 在进行纵切时，养成弯曲手指钩在靠山上的习惯

图 4-82 使用优质夹具可以轻松将部件竖起进行垂直切割

轨控制锯切，则应改用横切滑轨。这是台锯的标准配件，也是每家工房的标配。你也可以选择完全不同的工具。

基本的木工姿势也可用于横切，此时身体会靠近台锯（可能需要借助台面支撑身体）。用两只手将部件紧靠在斜切导轨上，先任由边角料留在原处，待关闭电源后再进行清理。如果需要支撑较长的边角料，最好将一个木制的扩展部件夹紧或拧紧到斜切导轨上，将边角料推过锯片。在用手推动时，边角料可能会挤压锯片。确保纵切靠山不会阻碍任何横切路径。

最好使用带有斜切导轨或横切滑板的背衬板（有时称为牺牲靠山），以免在锯片结束锯切的切口处，靠近木板边缘的位置被撕裂。切记：切勿将纵切靠山与其他锯片引导部件一起使用。

垂直切割

纵切和横切是最常见的台锯切割方式，但并非仅有的台锯切割方式。你也可以进行垂直切割。垂直切割可以提供最有趣和最有创意的部件。垂直切割通常需要各种夹具的辅助。一些夹具可以安装在斜切槽或其他插槽中滑动（例如，成品制榫夹具）；另一些夹具可以横跨在纵切靠山上（见图 4-82 和图 4-83）。部件应该夹在你使用的夹具上。垂直切割时的身体姿势通常与横切时相同。

切割质量

理想的台锯切割边缘应该是平直光滑的，后期仅需要少量的清理。为了得到这样的切割效果，你需要匀速进料，并在切割过程中尽量减少关机和重新启动。你同

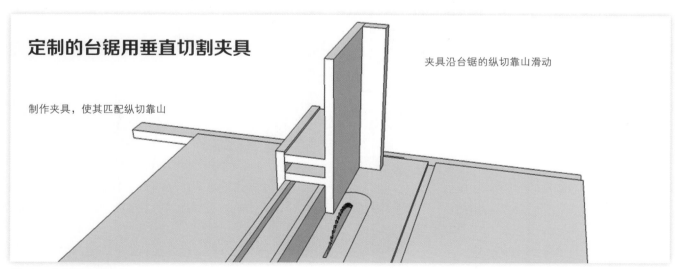

定制的台锯用垂直切割夹具

夹具沿台锯的纵切靠山滑动

制作夹具，使其匹配纵切靠山

图 4-83 台锯的定制夹具

样需要始终保持木板紧贴靠山，平贴锯台。虽然在纵切时可以关机并重新启动，但这容易产生锯齿痕迹，并可能在木板边缘留下灼痕。最好的切割方式是连续匀速进料。但是，对于很长很笨重的木板，你最好选择合适的位置停下并重新调整手的姿势和位置，而不是勉强继续切割，将推动手置于危险之中。羽毛板可以辅助将木板抵靠在靠山上，即使你必须停下来，它也可以最大限度地减少锯齿痕迹和灼痕。

学习如何平稳进料需要进行尝试和练习，就像学习安全进料那样。不同的木板需要不同的进料策略。你可以关闭台锯，并把锯片降低到锯台下方，在完全安全的条件下进行尝试。

切割速度（即你推动木板进料的速度）也很重要。进料的速度要足够慢，保证锯片可以充分切断推过来的木料，同时也要足够快，以免锯片因过度摩擦而灼烧木板。你可能还需要做一些尝试，以了解不同树种和不同厚度的木板锯切时的感觉。随着时间的推移，你可以基于锯切的感觉自动调整进料节奏（见图 4-84）。

图 4-84 进料速度过快、过慢和恰到好处的比较。这就是木工版的《金发女孩和三只熊》（*Goldilocks and the Three Bears*）的故事

平刨

平刨的功能类似于手工刨。实际上，可以将手工刨倒置并用台钳夹在木工桌上作为一个小型平刨使用。将平刨视为电动版的手工刨，有助于你更好地学习这种工具的使用技术。平刨不是自动工具。你需要考虑如何使用它，并且必须像使用手动工具那样，注意木材的各个方面。

当然，平刨实际操作起来比手工刨要复杂。平刨的旋转刀盘代替了手工刨的固定刨刀，刀盘的刀片（尤其是硬质合金刀片）具有相当大的切削角度：相当于 60°~80° 的刨刀刨削角度。当木料经过刀盘时，每个刀片都会从木板上切下一个弯曲的小木片。刀片的大切削角度意味着，切口不太可能超出预期，但也不是绝对不可能。切口处的表面略为内凹，并不是真正平整的表面。这种不平整是明显还是难以察觉则取决于刀片切割的几何形状、刀盘的转速、刀片的锋利程度，以及木料通过刀盘的速度。

刀盘位于进料台和出料台之间（见图

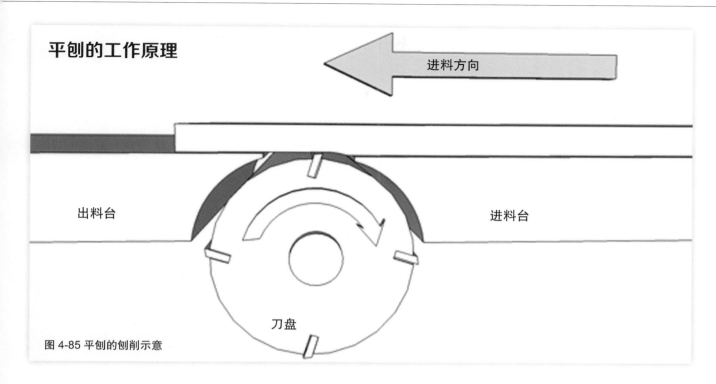

平刨的工作原理

进料方向

出料台

进料台

刀盘

图 4-85 平刨的刨削示意

4-85）。进料台相对于刀片旋转时最高点的高度决定了平刨的刨削深度。出料台的高度则与刀片切割时最高点的高度完全相同，因此，当木料脱离刀盘时，可以直接滑到出料台上。这就是平刨整平木板的方式。刚切割出的表面会贴靠在出料台上，而木板的其余部分会在同一几何平面上得到刨削。保持木板平贴出料台要比保持木板平贴进料台重要得多。

平刨的使用

尽管看起来只是简单地将木板通过平刨的台面，但平刨并不是一件容易掌握的机器。在使用期间，有很多事情需要解决，尤其是在处理较大的木板时。使用平刨时，你的主要目标显然是刨直边缘或刨平木板的大面。但为了获得这样的效果，你需要能够在施加稳定压力的情况下进料并使木板到达出料台；在刨削边缘时，还必须使木板紧贴靠山。你需要能够"读懂"木板，以获取有关纹理方向的必要信息（以最大限度地减少撕裂），以及关于木板不平整或尺寸不准确的必要信息。不同尺寸的木板面临着不同的挑战。当然，你需要了解，如何才能充分地利用身体使木板有效地通过平刨。

在开始使用平刨之前，请检查木料以了解你需要做什么。纹理是否朝一个特定的方向延伸？应当顺纹理方向进料，即进料时木板的纹理应当朝向木板的后部并向下延伸（从侧面比较容易观察）。如果不能确定纹理走向，只需做一次刨削，然后检查结果。如果出现明显的撕裂，

请尝试从另一个方向进行刨削。木板是否存在瓦形翘曲、弓形翘曲或扭曲？对于瓦形翘曲或弓形翘曲的木板，应将凹面朝下放置进行刨削；如果木板同时存在瓦形翘曲和弓形翘曲，且翘曲方向不同，则应使凹面朝下优先处理弓形翘曲。

扭曲的木板带来了不同的挑战。如果按住木板，使其前部平贴在进料台上，则可能只需刨削木板背面后部一个边角，就可以去除全部的扭曲部分。这样操作貌似简单，但实际上会导致被刨削的边角部分所剩无几（见图 4-86）。你应该尝试双面刨削，刨削掉木板正面前部一半的扭曲部分和木板背面后部一半的扭曲部分。可以通过控制开始刨削时双手施加压力的位置来完成操作。

处理扭曲的木板

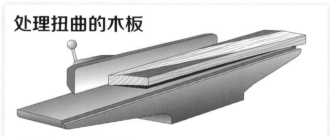

将木板的一面推过平刨进行刨削，然后将木板翻过来，可以看到，从木板的两端分别切除了一半的扭曲部分（如图中红色部分所示）。与从木板一端切除所有扭曲部分相比，经过这样处理的木板显然更有用。

图 4-86 刨削扭曲的木板方法

平刨使用的安全须知

平刨是危险性较大的机器。操作时保持手远离刀盘是至关重要的。这需要非常在意需要刨削边缘和大面的部件的尺寸。平刨并不适合刨削小部件。长度小于 12 in（304.8 mm）的木板不宜使用平刨刨削。如果没有合适的推料板或羽毛板，使用平刨刨削宽度小于 3 in（76.2 mm）的木板的边缘是非常危险的。刨削厚度小于 ½ in（12.7 mm）的木板的大面不仅会危害双手，还可能面临木板断裂的风险。

- 切勿在没有合适的防护装置的情况下使用平刨。此外还需注意，防护装置并不能提供百分百的保护，即使配备了防护装置，你也应该时刻保持谨慎。
- 切记使用推料板保持双手远离刀盘，尤其是在刨削较小木板的时候。
- 请佩戴护目镜、安全耳罩和防尘口罩。
- 确保在使用平刨时没有穿着任何宽松的衣服，没有佩戴任何可能被平刨卷入的配饰，并将长发扎起来。
- 在刨削木板大面时，切勿将拇指或其他手指放在木板的后缘推动木板。必要时请使用重型推料板。
- 一般来说，不应使用平刨进行强力刨削。对于质地均匀的木板，最大刨削深度应为 1/16 in（1.6 mm），对于难加工的或多木节的木板，最大刨削深度应小于 1/16 in（1.6 mm）。刨削深度越大，反作用力就越大，你随后就得更加用力地前推木板。这可能导致控制力下降。如果你在前推时用力过猛，则木板回抛的风险和严重撕裂的风险都会大增。
- 在双手始终远离刀盘，不太可能滑入刀盘的情况下，将部件一直推到出料台上是理想的选择。但这并不适合所有木板。
- 请勿将手放在可能滑入刀盘的位置。出料台是最安全的（位于远离刀盘的方向）。借助机器支撑身体，以便在部件向前到达出料台时保持身体平衡。
- 关闭机器进行尝试和练习。保持平衡与控制至关重要。通过尝试，你甚至可以为难处理的木板制订加工策略。通过练习，你可以在刨削时更轻松地控制木板。

处理每块木板都面临着不同的挑战。无论刨平大面还是刨削边缘，无论木板较宽还是较短，都会影响手的姿势和位置。长木板和短木板形成了不同的挑战。在关闭平刨的情况下练习进料。时刻注意手的姿势和位置，以防出现潜在问

题。根据需要将进料台和出料台的支架调节到合适的高度。如果你有助手，确保他知道自己的职责和站位，不会在操作时干扰你的身体平衡，使你意外靠近刀盘。如有必要，请一起练习。

美式和欧式的平刨具有不同的安全防护装置，它们实际上会对你使用工具的方式产生影响。通常，美式平刨所用的防护装置看起来像一块猪排，它们会通过旋转让出切割路径，使木板通过（见下图）。

欧式平刨所用的防护装置在使用过程中不会移动，但具有可调节的支撑臂，可调节其高度以及与平刨靠山的距离（见下图）。这些防护装置各有优缺点，但都很好操作。

欧式防护装置应设置得足够高，以允许木板从其下方通过。然后，它会在整个切割过程中保持在刀盘上方的位置。美式防护装置更适合搭配推料杆使用，因为它可以摆向一侧让出切割路径，从而允许你连续使用推料杆。这样也有利于在整个切割过程中保持木板上的压力均匀。

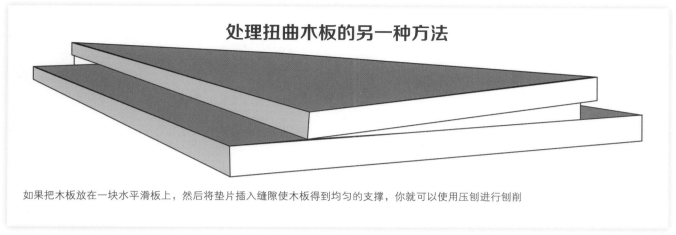

处理扭曲木板的另一种方法

如果把木板放在一块水平滑板上，然后将垫片插入缝隙使木板得到均匀的支撑，你就可以使用压刨进行刨削

图 4-87 刨削扭曲木板的其他方法

完成第一次刨削后，应该就有足够的空间以适当的角度完成其余刨削。如果这样的操作使你感觉不舒服，你可以改用其他工具来消除木板扭曲。可以选择手工刨，甚至压刨进行整平。对于后者，需要使用一个滑轨部件，把扭曲的木板放在上面，并小心地用垫片将木板垫平，然后用压刨从扭曲的表面均匀去除木料（见图4-87）。

刨平大面

刨平大面比刨削边缘更简单，因为只需把木板平稳地放在台面上。但是，从物理层面讲，刨平大面的难度要大一些，因为需要更多的刀刃与木板接触。将木板在台面上向下压紧并保持平稳连续的进料，需要将身体保持在最佳姿势。当你尝试向前推动木板连续进料时，必须应对左手的发力方向与左臂没有在一条直线上的问题。你会发现，将手臂以一定的倾斜角度横跨身体向前推动木板是比较困难的。遗憾的是，已经没有比这更好的操作姿势了（见图 4-88）。

采用基本的木工姿势沿进料台的一侧站好。将身体支撑在平刨上，这样你就可以向部件上方稍微倾斜身体。这种姿势可以帮助你在推动木板时获得更好的控制。和使用台锯时一样，将身体向着机器倾斜可能会增加危险，但总体考虑，这有利于你更好地控制操作。距离刀盘较远的身体姿势看似安全，但你很可能会因此失去对部件的控制，反而更加危险。让身

图 4-88 在使用平刨刨平大面时，好的身体姿势需要身体靠近并支撑在平刨上，同时略微倾斜。你的右手处于适合推板的姿势中，你的左手则必须稍微偏离左臂的轴发力

图 4-89 在使用平刨的起始姿势中，需要左手施加大部分向下的压力

体靠近机器更利于你的控制。

刨削时首先把左手放在木板正面的前部（见图 4-89）。如果平刨配备的是美式防护装置，可以使用推料板。在起始刨削阶段，左手负责将木板牢牢按压在台面上。右手主要用来推动木板，它应该放在木板的后部或中间，具体位置取决于木板的长度。不应将手指钩在木板的后端，而应使用手掌根部或推料板前推木板。

应尽量使前臂与刨削方向保持一致。这与使用手锯或凿子时要求的对齐不一样。你的前臂会向上倾斜。这可以与向下和向前的推力保持协调。

刨削开始后，左手会向前移动到出料台上。显然，使用美式防护装置搭配推料板进行刨削非常轻松，而在使用欧式防护装置时，则需要一些过渡动作。随着木板前移，你的手会碰到防护装置。此时需要抬起手指，同时通过手掌根部向下施力（见图 4-90）。随着木板继续前移，你的手指会越过防护装置。在手指越过防护装置后，应该放下手指压在木板上（见图 4-91）。首先是指尖，然后随着掌根的抬起将更多压力传递到手指上，以压住木板，直到整个手掌越过防护装置。最后，再次将掌根平贴在木板表面以继续施加压力（见图 4-92）。

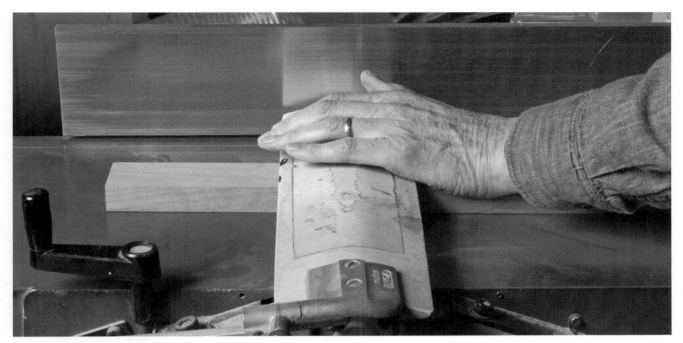

图 4-90 开始跨过欧式防护装置时，通过手掌根部来保持向下的压力

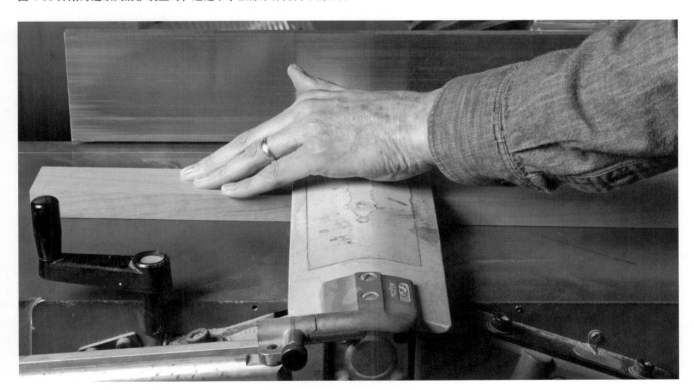

图 4-91 在推动更多木料向前越过防护装置时，应放下手指压住木料，同时抬起掌根

尽快将右手随左手一起切换到出料台上（见图 4-93）。然后，可以左右手交替推动木板的剩余部分。在出料台侧均匀施加压力是确保在平刨上平整刨削的最佳方法。保持双手远离刀盘也更安全。只需确保身体的其他部位处于正确的姿势中，即可正常推动进料，同时保持出料台侧压力均匀。

刨平大面（以及刨削厚度）通常安排在刨削边缘之前。如果木板的至少一个大面是不平整的，则很难将边缘刨削平直。

图 4-92 在越过欧式防护装置的位置，整个手掌应再次下压施力

刨削边缘

用平刨刨削边缘面临的主要挑战是，需要始终保持木板的大面紧贴靠山通过刀盘。这个任务由左手负责完成。在刨削的起始阶段，左手还需要负责向下按压木板（弯曲大拇指钩在木板顶部，用其他四指按压木板顶紧靠山）使其平贴台面。应该尽快把左手移动到出料台上方。一旦木板被推出足够远，不必继续施加向下的压力将其压在出料台上，可以把手按在出料台上，保持木板紧贴靠山即可。再次说明，右手是推动手，右前臂应该与刨削方向大致对齐。推料板（类似于台锯使用的推料板）应与较窄的木板一起使用，保持手远离锯切路径。对于宽度超过靠山高度的木板，你有机会交替双手放在出料台上，并可以双手交替推动木板（见图 4-94、图 4-95和图 4-96）。

刨削质量

平刨的刨削质量取决于几个基本因素。你需要木板

图 4-93 双手放在出料台上更安全

图 4-94 刨削边缘的操作大同小异，同样必须使木板紧贴靠山。左手施加的压力应主要朝向靠山

图 4-95 随着左手远离刀盘，可以将其稍微放低一点，以更好地保持对靠山的压力

图 4-96 在整平边缘的最后阶段，将双手放在出料台侧，保持对靠山施力

平贴台面，并以适当的速度进料。如果进料过快，切口会非常粗糙且内凹更为明显；如果进料过慢或者出现停顿，切口表面会留下灼痕或细小的嵴状凸起。对于较大的木板，这可能是不可避免的。当然，你还需要注意木板的纹理方向，以避免（至少要把风险降至最低）撕裂木板。

带锯

带锯是一种非常通用的工房机器。人们通常会急于购买台锯而忽略了它，因为台锯通常被认为是工房的"核心"装备。但是带锯比台锯操作更安全，而且用途更广泛。大多数人死板地认为，带锯只是切割曲线的机器。带锯的确在切割曲线方面表现出众，但它同样是纵切木板、重新锯切（沿厚度方向纵切）木板以制作更薄的木板或

图 4-97 垂直向下推动带锯锯片（如图所示在木料之间握紧锯条）会使锯片向一侧弯曲

单板，以及制作各种接合件的好工具。不过，带锯需要熟练的进料技术才能获得最佳效果。而且，经过带锯加工的部件还是需要使用平刨、手工刨等工具做进一步的精修处理。

带锯的切割模式与手锯非常相似。但是带锯没有手锯那样宽厚的锯身或坚厚的刀背。张力以及锯口上方和

锯台下方支撑锯片的导向装置，使带锯锯片保持笔直并处在正确的轨道上。带锯可以调节张力，通常是用一个与丝杠连接的弹簧进行调节。张力的大小取决于锯片的类型和尺寸，应根据带锯和锯片制造商的建议进行设置。如果没有足够的张力，在将木板推向锯片时，锯片会发生弯曲（见图 4-97）。锯片向一侧弯曲的结果是，最终

脚踏板

　　我的一台带锯有一个开放式支架，它在离地面约 7 in（177.8 mm）处有一个横档。我发现自己通常会把前面那只脚踩在那个横档上。尤其是在加工精细部件时，我喜欢前倾身体进行锯切，而抬高前面的脚有助于减轻下背部的压力。当我需要使用带锯完成大量操作时，这个姿势会非常舒适。但它不适用于加工较大的部件，不过也无所谓，因为对于较大的部件，基本的木工姿势就可以。

抬起脚（如图所示，将前面的脚放在带锯支架的一根横档上）来完成任务。这是替代基本木工姿势的一种舒适选择。

切割出弯曲的切口（见图 4-98）。这种情况在重新锯切木板时最为常见。这不仅会导致锯切偏离预期（这种情况非常危险，因为锯片会出现在不该出现的位置），而且锯切时摩擦会增大，从而导致很难将木板推过锯片。这甚至足以导致带锯停止锯切。变钝的锯片需要更大的力才能切过木料，也经常引起上述问题（即使张力是合适的）。

使用带锯

　　带锯最重要的技术是准确地锯切直线。这是大多数人不太喜欢使用该工具的主要原因。实现这种精确的锯切，需要经过精心调校的机器、优质的锯片和相当多的练习。而且，通常不能得到台锯那样平滑的切口。当然，带锯锯切出的表面也足够平滑了。

　　良好的身体姿势可以帮助你以最小的力量和最佳的控制状态完成进料。木工的基本姿势仍然是基础（见图 4-99）。

　　将一只手牢牢按在锯台上，与锯片保持几英寸的距离，以帮助引导部件。另一只手则负责进料。进料手的操作是关键，因此这一侧的前臂应与锯切方向大致保持一致，以实现最高效的锯切。进料手还需要支撑部件，

图 4-98 锯片弯曲导致锯切出弯曲的切口

带锯使用安全须知

与使用其他电动工具一样，使用带锯时，应始终佩戴护目镜、安全耳罩和防尘口罩。与台锯不同的是，带锯的切割方向是垂直于锯台的。这意味着，当锯片旋转的时候，锯台上没有什么是不可预测的。切割到一半位置的部件不会移动，没有回抛的风险。处于切口中的锯片部分也要少得多，这使得锯片不太可能卡在切口中（除非锯片偏移和弯曲）。不过，带锯与其他电动工具一样，同样无法区分木板和人体，因此你同样需要保持双手远离锯片，同时保持身体平衡和对部件的控制。将锯片导板保持在部件上方，可以最大限度地减少锯刃的暴露量和锯片的偏斜。

请记住，无论是在切割之前还是之后，都没有保护装置可以提供保护。你需要确保在切割结束时，你的手已完全远离锯片。如果没有足够的空间让双手远离锯片（重新锯切木板时可能发生这种情况），可以从带锯的后面将最后一点木板拉出。

安全使用带锯的另一个关键点是，部件必须始终牢牢地贴靠在锯台上。这一点似乎是显而易见的，但仍需注意。任何未与锯片正下方的锯台接触的部件部分都存在风险。这包括大多数的圆形坯料的锯切（纵切或横切），一些弯曲件的锯切，以及一些成角度的锯切。在任何一种情况下，锯片都有可能咬住部件并将其向下抛到锯台上，或者卡在部件中。这会为你的安全操作增加随机的风险。

使用进料或出料支架，可以帮助你将较大的木板保持水平并牢牢贴靠在锯台上。

在锯切即将结束的时候，保持双手远离锯片

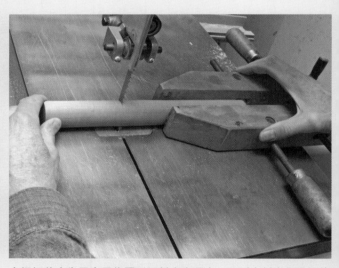

在锯切前应先用夹子将圆形坯料牢牢固定。否则木料容易沿锯片滚动

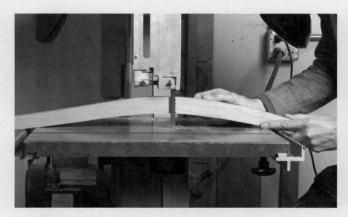

这样操作可能是安全的极限。我有过这样进行锯切，然后被猛摔到锯台上的经历

对于图中这样的部件，最好在操作前将其固定在锯台上

使其平贴锯台。引导手（按在锯台上的那只手）还可以帮助进行微调。像图中这样保持双手前后分开可以更好地控制操作（见图4-100）。

你要密切注视切口，这需要你的优势眼的视线与锯片的切割路径保持对齐，并依靠优势眼提供大部分的引导。同时，你需要保持双眼睁开，以便可以看到更多待锯切的部分。这有点像开车。你不仅需要看清楚眼前的路，还需要提前看一下即将开过去的方向。与开车不同的是，用带锯切割时，待切割的位置离你更近，而不是更远。

习惯于从后面控制部件需要勤加练习。集中精力以阔步的、一气呵成的方式平稳进料，而不是以小幅的、断断续续的方式进料。最好先练习平稳地进料而不是像使用手工锯时那样先练习切割直线。

电木铣

电木铣是操作最简单的机器之一。从本质上讲，它只是一种可以固定旋转刀头（电木铣铣头）的工具。大量可选的铣头、各种常见的电木铣类型（固定底座式电木铣、压入式电木铣或修边电木铣）以及多样的使用方式（手持使用、用电木铣倒装台铣削以及搭配各种夹具操作），意味着很难将电木铣界定为单一用途的工具。确实，在搭配各种夹具的情况下，很少有电木铣不能完成的操作。电木铣非常适合切割部件的边缘轮廓，制作榫卯接合件、镶嵌部件、燕尾榫、半边槽以及制作多个相同的部件。

大多数电木铣铣头的铣削动作类似于平刨的切割；旋转的铣头切入木料，本质上会切出一个略微弯曲的切口。与使用平刨刨削时一样，铣头铣削后也会留下略微

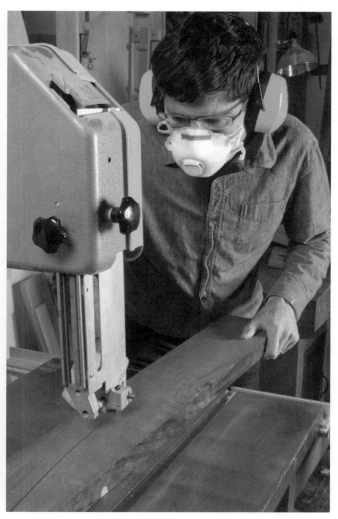

图4-99 双手要前后分开足够的距离，才能在操作带锯时获得良好的姿势并更好地控制操作

图4-100 换一个角度观察，我的右手大部分被锯片防护罩挡住了，它应该牢牢按在锯台上，帮助引导切割

内凹的表面。进料速度、切割的几何形状、木料的纹理方向以及铣头的锋利程度，都会影响最终的切割质量。

螺旋上切或下切的铣头（例如，端铣刀型铣头）可以通过剪切作用沿其侧面铣削，相比直边铣头更适合铣削纹理情况复杂的木料（见图4-101）。

大多数情况下，进料方向应与铣头的旋转方向相反，就像在使用平刨（或台锯）切割时，进料方向与其刀盘的旋转方向相反一样。更具体的解决方法是移动电木铣，这样在你将电木铣推离自己时，部件应该位于铣头的左侧（见图4-102）。

当铣头与木料接触时，如果想得到所有预期的结果，纹理方向非常重要。旋转的铣头可以提起木纤维，从而导致超出预期铣削深度部位的木纤维断裂。此外，由于铣头并非总是设置成切割整个边缘宽度的模式，因此存在木纤维在切口上方或下方发生断裂的风险（见图4-103）。先进行轻度顺铣（见图4-104和图4-105）可以消除这种风险。

类似于其他横向于纹理的切割，横向于端面纹理进行切割也可能撕裂木板端面的木纤维。将一块支撑板夹在端面的适当位置可以防止撕裂。为底角做倒角通常也可以做到这一点。

虽然电木铣功能非常强大，但这并不代表能够过度使用它。与其他工具一样，切口越大，切割质量越低。铣头每次只能铣削一定量的木料，超过限度就会遇到强大的阻力。试图用电木铣去除更多的木料可能导致木材压缩、木纤维撕裂，甚至可能使铣头上的排屑槽被木屑堵塞。铣头会从木料上少许回弹，引起额外的震动。这些都会影响切割质量，以及切口的大小和位置。然后又回到了在木工操作中使用身体的基本原则问题：发力和

图 4-101 图中左侧为直边铣头，右侧为螺旋铣头

精确控制不可兼得（见图4-106）。

为了进行精确切割并得到平整的切口，请尽量使电木铣保持"安静"。这听起来有些荒谬，因为实际上电木铣是工房里噪声最大的机器之一。但在过度使用时，它的声音会更大。试着调整铣削深度，让电木铣的声音不会变得更大。

因为使用电木铣的方式很多，所以似乎应该有很多方法，可以最有效地利用身体。但大多数情况下，同样的问题也会出现；你需要在移动工具时保持对工具的控制。这就需要你调整到良好的身体姿势（通常是基本的木工姿势），以分别施加力量和保持控制，并保持部件贴近身体以便于控制。

铣削木板边缘提供了一个很好的示例。你的左手应保持持续向下的压力，这样即使工具的一半以上悬空在边缘之外，电木铣也能稳固地贴靠在部件表面作业。

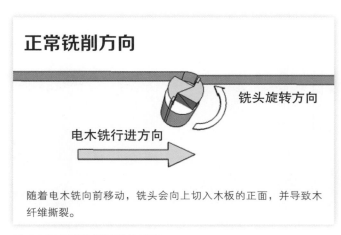

正常铣削方向

铣头旋转方向

电木铣行进方向

随着电木铣向前移动，铣头会向上切入木板的正面，并导致木纤维撕裂。

图 4-102 正常铣削过程的示意

图 4-103 电木铣存在撕裂切口表面下方木纤维的倾向

顺铣

　　大多数情况下，可以在沿正常方向进行深度铣削之前，先进行轻度的顺铣，以消除在切口上方或下方木纤维发生撕裂的风险。

　　当用电木铣正常铣削时，铣头应以与其旋转方向相反的方向铣削木板边缘。随着电木铣向前移动，铣头会从先前未切割的区域退出。这可能会提起未支撑部分的木纤维并使其撕裂（见图4-103）。顺铣与典型铣削方向相反（见图4-104），即铣头的推进方向与其旋转方向相同。进行顺铣时，随着电木铣向前移动，铣头旋转并切入未切割的木料部分。因为铣头向下切入木料，所以木纤维不会被撕裂。

　　那么为什么不一直顺铣呢？主要是因为这样做很危险。铣头会沿部件方向拉动电木铣，这可能导致操作失控或跳刀。

　　也许这个理由还不够充分，更重要的是，顺铣得到的切口通常没有标准铣削切口那么平整。

　　显然，顺铣必须非常小心。每次铣削着力都要很轻，以保持对操作的控制。好在除了轻度铣削，无须采取其他任何措施。在轻度顺铣切入木料表面之后，就没有额外的撕裂木料的风险了，此时可以恢复正常铣削（见图4-105）。

　　必须始终确保对木板的控制。徒手铣削只能在用夹子或台钳固定好的部件上进行，并且需要稳定电木铣并为其提供良好的支撑。在电木铣倒装台上操作需要格外小心，只能对不会从手中脱落的部件或者不存在手指卷入风险的大部件进行顺铣。此外，切勿对被夹在铣头和靠山之间的任何木料部分进行铣削。

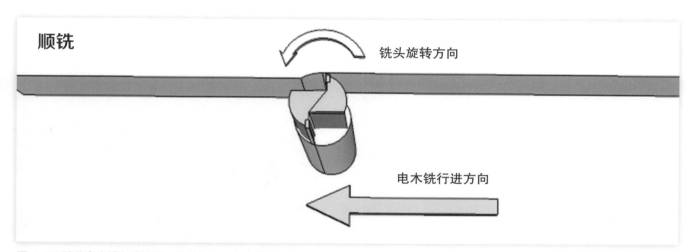

图 4-104 随着电木铣向前移动，铣头向下切入木料表面

图 4-105 在图中木板的右侧进行轻度顺铣，可以避免撕裂切口下方的木料（见左侧）。随后可以进行标准方向的铣削

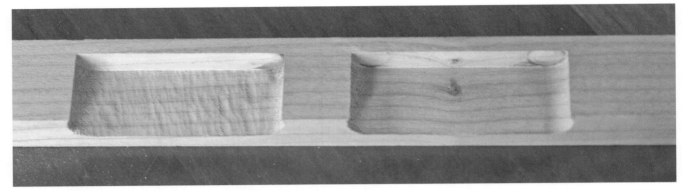

图 4-106 如图中的两个切开的榫眼所示，超越限度铣削的切口会导致糟糕的结果（图中左侧）

然后，用右手握住电木铣使其紧贴部件，并将源于下半身的力量传递到电木铣上，推动其向前移动（见图4-107）。通常，当你沿木板边缘铣削的时候，必须保持对电木铣的控制。一定要保持手臂紧贴身体，以保持对上半身的控制，并通过下半身的发力完成大部分动作。也可以在电木铣上安装一个较大的不对称底座，辅助铣削边缘，特别是在使用直径较大的铣头（更易使电木铣失衡）时（见图4-108）。

沿部件边缘或围绕部件边缘铣削时，需要注意电木铣的电源线。它很容易妨碍平稳的铣削。铣削时把电源线搭在肩膀上可以帮助你免除干扰。

其他操作在控制和运动之间具有相似的平衡。压入式铣削要求用手控制压入过程，通过肩膀和上半身控制向下的压力，通过下半身控制动作。电木铣倒装台的工作原理与台锯非常类似，需要在沿靠山或靠在滚珠轴承导向铣头上进料时，保持平衡和控制力。

图 4-107 铣削时常用的组合模式是下半身提供力量和上半身提供控制

电木铣使用安全准则

- 使用电木铣时，请始终佩戴护目镜、安全耳罩和防尘口罩。

- 始终用手握住手柄，并使双手远离铣头。电木铣有时会出现不可预测的动作，因此不要把手指放在任何可能接触到铣头的位置。也不要用一只手握住部件，用另一只手移动电木铣进行铣削。在某些情况下可以只用一只手操作修边电木铣，但最好始终用两只手操作机器。修边电木铣没有为另一只手留出多少空间，但只要将几根手指放在底座上（远离铣头的位置），已经足以帮助稳定电木铣了。一定要将部件牢牢固定。

- 实际上，电木铣倒装台比手持式电木铣更危险，因为在使用时手指靠近铣头的概率更大。设置防护装置，同时注意，部件在铣削时很容易被拉向铣头或推离铣头。开始铣削时要特别小心，尤其是在没有靠山引导

铣削的情况下。你可以在电木铣倒装台上安装滚珠轴承导向铣头铣削木板边缘，但在铣削开始时，铣头很容易因为咬料转而铣削木板端面，而不是像预期的那样铣削边缘，这是非常危险的。固定在电木铣倒装台上靠近铣头位置的启动销或启动块，可以在木料接触铣头之前提供一个支点，通过杠杆作用来避免上述问题发生（见下页图4-109）。

- 千万不要把木板放在铣头和靠山之间。靠山应始终遮住部分铣头。

- 切勿试图在狭窄边缘上平衡全尺寸电木铣。你要确保机器（即使是修边电木铣）是稳定的，在使用中没有倾翻的危险。如有必要，可以在要铣削的木板上夹上一块较厚的木板提供支撑。

- 顺铣通常都是轻度铣削，需要双手握持工具，同时确保部件固定良好。

将一个L形夹具夹在部件上，可以为铣削较薄的部件提供一个大而稳定的平面

图 4-108 偏置底座增加了操作稳定性，特别是在使用较大的铣头时

一般情况下，我们几乎不可能接触到电木铣的所有用途。这里根据电木铣的类型和通用设置，列出了一些较为常见的电木铣用途，可能会对你有所帮助。

底座固定式电木铣通常用于铣削边缘。根据所选用的铣头类型，它可用于在边缘开半边槽、铣削装饰性轮廓或将边缘修整平齐。与适当的夹具搭配使用时，也可用于铣削横向槽或燕尾榫。修边电木铣属于小型的底座固定式电木铣，专为较为精细的操作设计。其大小和平衡性意味着用一只手就可以有效地操控它，当然，为了保持稳定性，仍然需要另一只手提供帮助。修边电木铣只能使用直径较小的铣头。

压入式电木铣可以完成底座固定式电木铣的所有操作，而且还可以完成很多其他操作。压入功能意味着你可以控制电木铣的垂直运动；电木铣底座可以在整个压入过程中牢牢贴靠在作业面上。这样你就可以安全地将铣头向下移动并切入部件中（这样的操作对底座固定式电木铣而言则是不安全的）。这使你可以在木板上铣削榫眼或其他凹槽。这也意味着，你可以制作止位横向槽和纵向槽，或者铣削用于镶嵌的凹槽或壁龛。不过，如果需要将压入式电木铣安装到电木铣倒装台上，则通常较难调整。一些新款的压入式电木铣加入了深度调整功能，可以解决这个问题。

电木铣倒装台将电木铣变成了一台小型成形器。这样就可以处理原本难于铣削或者铣削风险较大的部件。电木铣倒装台非常适合用来制作装饰性边缘、凸嵌板，以及切割接合件等。安装一个靠山意味着，你在选择轮廓形状或半边槽尺时，不需要依赖滚珠轴承导向铣头的引导（见图 4-109）。

电木铣的加工能力可以通过一些简单的配件进行扩展。其中最常见的配件是模板导板和电木铣靠山（见图 4-110 和图 4-111）。

图 4-109 在电木铣倒装台上使用滚珠轴承导向铣头进行铣削。启动销提供了一种安全的启动铣削方式，可以避免铣头吃入木板的端面

图 4-110 模板导板（也称为导套）进一步增强了电木铣的功能

图 4-111 电木铣靠山是另一种重要的配件

借助夹具充分发掘电木铣的其他基本功能，几乎可以完成大部分的木工操作。剩下的只是控制部件或电木铣的问题。

进阶

一旦了解了工具的基本工作原理，你就可以更好地使用它们，并开发出更多的使用方式。了解工具的使用范围，以及如何使用它们完成这些操作很重要。你还需要了解工具的操作极限。这需要结合工具的使用经验进行判断（可以观察其他人的操作），并学会以不同的方式思考工具的用途。

如果你把台锯看作一个旋转的刀具，可以安全地切割部件，而不仅限于进行纵切和横切，那么你或许可以想到台锯的其他使用方式，用来解决不同的木工问题。你会发现，台锯在很多方面都很有用，完全超出了它的基本用途。

其他工具也是如此。它们执行基本功能，并以几种既定的方式切割木料。但这些切割方式通常可以用其他不太常见的方法加以控制。这可能需要一些配件、一些夹具以及一些创造性的或非同寻常的技术的配合，但这是扩展工具用途、增强你的创造能力的有效方式。

不要害怕为了使其更有用而改装工具。当你为特定操作设置夹具时，在斜切导轨或台锯纵切靠山的某处钻孔可能是非常必要的。只要不破坏结构组件或钻入某些关键部件中，这些孔是可以钻的。这听起来很奇怪，但是你必须与工具建立这样的联系，使其成为你的创意库的一部分。从某种意义上说，通过它们的协同工作，整个工房可以成为一个巨大的工具——可以解决所有常见问题，也可以解决各种独特的问题。

工房是你的创造能力和解决问题的能力不断增长和延伸的产物。尽管你希望你的工房拥有实现目标所需的大部分资源，但你同样希望你的目标是在不断发展和演变的。你可以通过熟练使用工房中的每一件工具，通过夹具和配件的辅助，以及通过购买新的工具来进一步提高工房的加工能力。但永远不要忘记，拥有技能的是工匠，而不是工具。

5

研磨

锋利的手工刨刨削木料是一大乐趣。这不仅会产生艺术品般轻薄的刨花和触感光滑的表面，甚至会产生独特的声音，被称为手工刨的歌声。即使做了近40年的木工，无论是刨削过程还是刨削结果，都能让我感受到孩童般的喜悦。但是，使用钝化工具时是不会产生这种感觉的。钝化的工具会在切割前大幅压缩木纤维，并且会撕裂一些木纤维，而不是将其干净地切断。

没有锋利的工具，你很难获得满意的结果，并且需要投入更多的时间和精力来操作，操作的安全性也会降低。

使用锋利的工具是木工操作必不可少的重要环节。它既是成功使用手工工具的一部分，也是使用工具所需技能的一部分。研磨是一种入门技能——如果不能做好，你就无法在木工这条路上昂首前进。更糟糕的是，你无法享受木工操作的乐趣。

研磨并不难，但许多木匠对研磨过程感到困惑，甚至是恐惧。考虑到有关研磨操作、可选的方法非常之多以及耗材、配件和购买工具层面诸多相互矛盾的信息，实际情况可能比预期的更加糟糕。研磨最多需要几分钟就可以完成，完全不必担心或困惑。在你体验过真正锋利的刀刃的操作效果之后，你就会明白，为什么研磨如此重要。通过锋利的刀刃使烦琐的操作变得简单，是进一步提高木工技艺的重要一环。

什么样的刀刃才算锋利呢？有两种判断方法。从技术层面看，锋利的刀刃是两个完全光滑的表面以一定角度相交的交汇处。这主要是理论上的描述。我们使用的有刃口的工具通常用钢材制成，钢具有晶体结构。在微观层面上，形成刀刃的表面不可能是完全平整的，两个完美表面的完美相交是不可能存在的。从实践层面看，这些表面已经足够平整了，可以得到足够锋利的刀刃，以满足我们的需要。这是研磨工具的现实基础。我们需要刀刃尽可能地成为两个表面完美相交的产物，并且相交处不会被磨圆或出现缺口。

令人惊讶的是，在光线充足的情况下，你能看到很多这样的画面：刀刃圆钝或开裂（当锋利的刀刃变钝时会发生这种情况），表现为一条通过刀刃尖端反射形成的细线（见图 5-1）。你只需要知道该查看什么。刀刃的反光是查看刀具钝化程度的重要指示。但是，用其他

图 5-1 凿子刃口尖端的亮线使刃口的钝化更为凸显

方法直接测试锋利程度效果会更好。

如何判断刀刃是否锋利呢？锋利的刀刃可以用来剃毛（小心地在手腕后面或前臂上测试，不要用细窄的凿子进行尝试），还可以利落地切开一张纸，或者，可以试着在不施压的情况下，在指甲上向前滑动刀片，感觉刀刃会切入指甲中。当然，如果刀片只是沿指甲表面向前滑动，表明刀刃已经不锋利了（见图 5-2 和图 5-3）。

尽管有时需要做一些工作，但获得如此锋利的刀刃并没有看上去那么复杂。一切都取决于起始。钢比较容易被较硬的磨料颗粒研磨（划伤）。我们需要对刀刃表

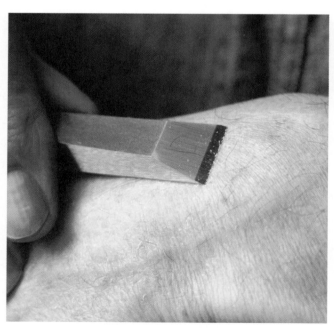

图 5-2 我的手腕背面经常被剃光。我的前臂可以告诉我，我的工具很锋利

图 5-3 把凿子的刃口沿指甲表面轻轻向前滑动是另一种测试刀刃锋利程度的好方法。小心点

图 5-4 一组阿肯色油石，包括软质（粗糙）、硬质（较细）、黑色（精细）和半透明（超细）等级别。图片由最优磨石（www. bestsharpiningstones.com）网站提供。

面进行足够的研磨，磨削掉刃口表面或交汇处的任何问题，然后从较粗的磨料逐渐过渡到越来越细的磨料，留下越来越精细的划痕。这个操作一直持续到最精细的划痕难以察觉，表面被研磨光滑为止。主要问题是控制过程以获得预期的结果。

用于研磨木工工具的磨料有多种形式，每一种都有各自的优缺点。除非要处理特种钢材，否则选择相当简单。可以选择各种类型的磨石，也有某些类型的砂纸、胶膜片，以及松散的或膏状的磨料供选择。在很大程度上，如何进行选择取决于成本、方便程度和研磨速度。

研磨工具
磨石

磨石主要有两种：油石和水石。它们命名简单，是根据与石材一起使用的润滑剂命名的。润滑剂可以将切屑（磨下的钢颗粒）与任何磨掉的磨料一起浮起，从而防止堵塞磨料。油石是一种天然石材，主要有印度石（India stone）、瓦希塔石（Washita stone）和阿肯色油石（Arkansas stone）等类型。油石磨损缓慢，因此可以长时间保持相对平整。不利的一面是，它们磨削速度缓慢，而且只有有限的几种目数。它们还需要用油（轻油或油与煤油的混合物，也有一些人使用肥皂水）作为润

滑剂。油比水更易形成污垢，也更难清理。不过残留在钢上的少量油可以起到防锈的作用。

一组典型的油石应包含一块用于初始研磨的印度石（通常粒度中等或精细），一块用于最终珩磨的硬质或半透明阿肯色油石。印度石的目数大致相当于 240~360 目的水石，两种阿肯色独石的目数对应 1,000~2,000 目的水石（见图 5-4）。

水石可以是天然的，也可以人造的。其中人造水石更为常见，通常是把磨料加入软质黏合剂基质中制成的，易于磨损露出新的磨料。水石当然以水作为润滑剂，其目数范围很广，可以从 220 目（非常粗糙）覆盖到 16,000 目，甚至是 32,000 目（非常精细）。这类磨石容易切开；其基质易于磨削，以露出新的、边缘锋利的颗粒。这既是水石的优点也是缺点。水石很容易磨损，因此不能长时间保持平整。它们需要经常重新整平（最好每完成两次研磨整平一次）。用金刚石磨石（参阅下文）或者在一块玻璃或花岗岩上铺上 220 目的砂纸都很容易完成整平。一组典型的水石应包括 1,000 目、4,000 目和 8,000 目的型号。更精细的水石当然可以产生更高水平的抛光效果和"更锋利"的刀刃，但因此获得的木料切割质量的提高却是微乎其微的（见图 5-5）。

目数

有许多不同的标准用于对磨石和其他研磨介质的颗粒细度进行分级。最常见的分级标准是基于"筛分"的尺寸，即通过每英寸筛子中用于筛分磨料颗粒的孔数进行衡量。在此系统中，目数越高（网格越紧密），过筛的颗粒就越细。但这只是一种方法，并且最多只能区分 220 目的磨料颗粒。

美国、欧洲和日本的目数分级标准略有不同。不过都是目数越高，磨石颗粒越细。唯一的例外是微米分级系统。这种分级系统适用于某些研磨用的砂纸和胶膜片，同样是基于颗粒大小制订。在这种分类系统中，数字越小，磨料颗粒越细（例如，15μm 比 5μm 的颗粒更粗，而 0.5μm 的颗粒比它们都要精细得多）。

金刚石磨片

金刚石磨片（或研磨片）有时也被称为磨石，但这只是因为它们的形状、尺寸和功能与油石或水石大致相同。它们是通过将金刚石晶体沉积在钢板或钢和塑料基板上的基质中制成的。金刚石磨片磨削速度快，而且足够锋利，可以轻松地整平油石或水石的表面（只要它们最初是平整的）。水是常用的润滑剂，它有助于将钢屑浮起。对于大多数的木工工具，并没有目数合适的、可用于最终珩磨的精细金刚石磨片，但它仍然是对研磨套装的很好的补充。金刚石磨片非常适合磨平刀片背面和整平其他磨石。它们也适用于许多粗磨任务，或者作为重新研磨和最终珩磨过程之间的过渡磨料使用（见图 5-6）。

砂纸和胶膜片

一套磨石的成本之高可能会吓到一些初学者。幸运的是，至少在最初阶段，有一种平价的替代方法同样可以获得不错的效果。目数达到 2,000 目的砂纸非常常见。特殊的打磨用胶膜片同样可用于不同的分级系统中，其粒度最小至 0.3μm，相当于 12,000 目的磨料。胶膜片摸起来很光滑，很难让人相信它实际上是一种磨料，但它确实可以磨削钢铁，并形成高度抛光的表面。胶膜片要比砂纸平整得多，并且能够产生更好的研磨效果，但它们并不普及，且价格高昂。

可以将砂纸或胶膜片粘贴到平整的基材上（玻璃或花岗岩最为理想，其他平整的基材也可以），并像在磨石上一样使用水作为润滑剂进行研磨（见图 5-7）。为了使砂纸或胶膜片固定在基材上，压敏衬纸是必需的。有些人会选择喷胶，但喷胶不容易喷涂均匀，会使砂纸凹凸不平。

砂纸和胶膜片的另一个优点是，可以包裹在销钉或其他形状的部件上，帮助你研磨专用工具的弯曲刃面。

图 5-5 水石，从左向右依次为：较细（4,000 目）、粗糙（1,000 目）和精细（8,000 目）

图 5-6 这些是金刚石"磨石"的样本

金刚石研磨膏

悬浮在膏体中的金刚石颗粒同样可以有效进行研磨。根据磨料颗粒的大小，金刚石研磨膏有一系列的规格，最有用的规格涵盖 $45\mu m$（粗糙）到 $0.5\mu m$（极细）的范围。挤出一点研磨膏涂抹在合适的基材上，可以将其有效地转变成一块"磨石"。适合金刚石研磨膏的基材包括经过打磨的钢质研磨板、中密度纤维板（MDF），甚至一块经过精心打磨的硬木木板。你可以轻松地为成型的工具定制形状匹配的基材。尽管经过打磨的钢质研磨板可以进行清洁，以涂抹不同规格的研磨膏，但如果基材是中密度纤维板或硬木木板，则需要为每种规格的研磨膏准备单独的一块基材（见图 5-8）。

金刚石研磨膏磨削能力强且研磨速度快，使用较为精细的研磨膏可以使钢质工具获得非常精细的抛光效果。但是，如果你需要的是平整的表面，在使用较软的基材固定研磨膏时需要非常小心。

砂光机和其他电动研磨系统

如果你想快速磨掉大量钢材，砂光机正适合你。砂光机有各种尺寸、类型和样式，但其主要设计理念是比手动工具更快、更有效地磨削钢材（见图 5-9）。

图 5-7 在这里，我在花岗岩参考板上粘贴了一些胶膜片

过快地磨削掉大量钢材有两个缺点。第一个缺点是会产生大量的热量，这些热量累积到一定程度会在不经意间破坏刀刃的回火效果。如果温度高达 300~400 ℉（149~204℃），在你感觉温度回落到可以正常握住工具研磨的范围之前，刀刃已经长时间过热。使用水冷式砂光机可以完全避免工具过热的问题。使用低速砂光机和为常规砂光机配备的专用冷研磨砂轮也可以避免刀刃过热。

图 5-8 金刚石研磨膏通常用塑料注射器包装。这是一点小窍门

图 5-9 这是一台德尔塔（Delta）品牌的、配备齐全的台式砂光机

图 5-10 这是一个简单的定制夹具，用来辅助研磨刀刃型工具的刃口斜面。夹具可以沿刀架滑动

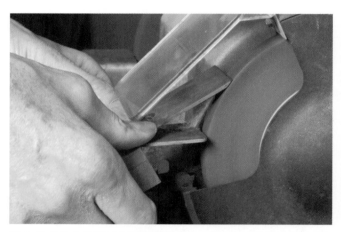

图 5-11 从这个角度不太可能看得清楚，此时砂光机使用的是一个定制夹具

在任何情况下，都应确保通过经常修整砂轮（使用专用工具清除砂轮的磨损表面）来保持正常的砂轮磨削表面，使其不会被金属颗粒堵塞，且能不断露出新的、边缘锋利的磨料颗粒。你需要使用砂轮修整工具来执行此操作，例如金刚石砂轮修整器或星轮砂轮修整器。此外，放慢研磨速度，并经常将刃口放入水中淬火，可以防止刀片过热。

另一个缺点就是难以控制。你需要在整个研磨过程中保持刃口平直，刃口斜面处于特定角度。这当然可以通过手工研磨（需要练习）来实现，而且许多夹具都可以为此提供帮助。安全可靠的刀架是保持控制的关键。你可以购买一些成品夹具帮助你控制研磨过程，也可以只是把一个简单的 L 形限位块夹在刀具底部充当临时刀架，帮助你研磨出直刃（见图 5-10 和 5-11）。

最近的发展趋势是出售成套的研磨装置——电动砂光机旨在控制整个过程的研磨速度。这种装置配有各种夹具和刀架，可进行各种可控的研磨、珩磨或抛光。这看起来比手工研磨更容易且效率更高，但实际上，大多数情况下手工研磨的效率并不低，且完全可以满足将工具研磨锋利的需要。

在需要磨掉大量钢材时，砂光机无疑是非常有用的工具。当刀刃由于损坏需要进行大量研磨时，当需要塑造全新的工具形状时，以及需要把现有的工具改造成其他形状时，都可以使用砂光机。但是，对于大多数的日常研磨，甚至大部分的基本二次研磨（比如在刀刃处重新制作一个主刃口斜面），手工研磨即可满足需要。

研磨技术
整平工具背面

如果你仔细研究过研磨，你可能听说过，大多数工具的背面都需要整平或抛光。这通常发生在一件新工具研磨过程的开始。这样做是有道理的。刃口斜面需要与一个光滑平整的背面交汇。

不幸的是，这个知识点反而带来了很多麻烦。因为很多木匠出乎意料地花费大量时间用来整平或抛光凿子或刨刀的背面，但结果只是把工具背面倒圆而没有真正整平。这导致了工具性能的大幅降低，同时增加了工作量。为什么会这样呢？原因主要有两个：一是试图将本就不平整的背面整平，二是整平技术不过关。这通常与凿子手柄或刨刀顶部的抬起程度有关，或者是工具在研磨表面放置的位置不合适。如何判断工具的背面是否平整呢？查看工具背面的反射情况即可。最好是查看直射光源的反射情况（我查看的是荧光灯的反射情况）。如果反射光是笔直的，说明工具的背面就是平整的。如果你看到的是类似哈哈镜的反射效果，说明工具的背面存在弧度（见图 5-12）。如果在查看反射情况时稍稍移动凿子，则更容易看清楚。

为什么整平背面很重要？它们看上去并不是获得锋利的刀刃所必需的。即使是一个弯曲但光滑的表面与另一个表面交汇也可以形成非常锋利的刀刃。主要在于平整的背面对于凿子和某些其他工具在切割过程中的控制是至关重要的。平整的背面意味着凿子能够以可预测的方式工作。匹配其他恰当的条件，你就能够轻松地完成直线凿切。如果凿子的背面研磨后略有弧度，你将很难预测凿子的凿切方向，但肯定不会是直线切割，也无法以可控的方式每次切削掉少量木料。相对平整的背面对于刨刀同样重要，因为背面平整的刨刀可以与断屑器始终保持紧密贴合，从中得到稳固的支撑以及减振效果，从而改善刨削效果。当然，为此，断屑器的边缘也必须保持平整。

图 5-12 由于尖端附近的不均匀反射，凿子的圆润背面显现出来。稍微移动一下凿子，这一点会更容易看到

但是，刨刀并不需要完全平整的背面。可以使用木匠戴维·查尔斯沃思（David Charlesworth）推荐的"尺子技巧"来制作一个小的后斜面。在磨石的边缘放置一把长 6 in（152.4 mm）、厚 0.02 in（0.5 mm）的、窄而薄的钢直尺，然后将刨刀背面朝下放置，使其刀刃距磨石的另一侧边缘约 ½ in（12.7 mm）（见图 5-13）。前后来回摩擦，形成一个小的后斜面。当这个后斜面完全延伸并跨越刀刃时就可以了。然后，你可以使用高达 8,000 目的磨石或同等目数的磨料进行抛光。这样就得

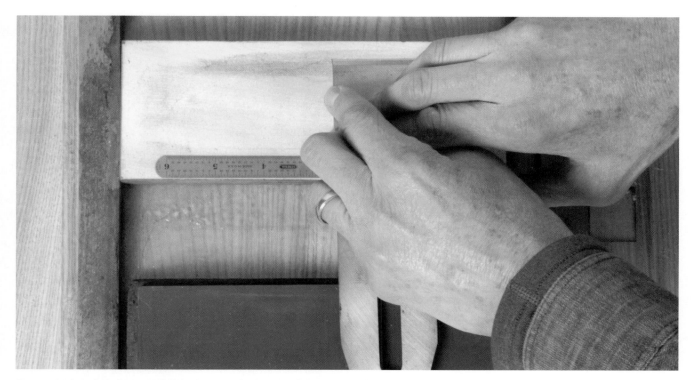

图 5-13 沿磨石边缘放置一把薄的钢直尺，用来设置工具背部斜面的研磨角度

到了研磨所需要的平整、光滑的背面，而且所花费的时间和精力要比专门整平背部少得多（见图5-14）。小于1°的后斜面角度对刨子的性能没有任何影响，只是将刨子的有效刨削角度稍微增加了一点（可忽略不计）。不过，在常规的研磨过程中，每次都需要使用钢直尺辅助去除刨刀背面的毛刺。此外，绝对不要在研磨凿子时使用这个技巧。

对于雕刻工具，不需要整平其背面，因为雕刻工具的背面刃口通常有一个小斜面或圆角。这个小斜面可以使刀刃更加锋利（在刀刃处制作一个比主刃口斜面角度略大、强度更高的小斜面，同时仍保留原有的主刃口斜面），并能够更好地控制非直线的切割（需要反复进出的切割）。

值得一提的是，整平背面的操作几乎是一劳永逸的。一旦工具的背面完成整平，就不需要再次整平，除非工具受到了某种程度的损坏。这并不是说，工具背面不再需要其他处理了；后续的珩磨过程仍然需要把工具背面放在最精细的磨石表面来回磨削几次，以去除边缘形成的毛刺。

如何整平工具的背面

整平工具的背面貌似很简单，但实际上这与研磨刃口斜面一样困难。先用一个不太重要的工具练习手是个好主意。如果做得不好，最好暂时跳过这一步，而不是强行整平结果得不偿失。也不必一次性做到位。没有必要把大量时间耗费在一个需要投入大量精力，却只会让你无法保持专注，甚至给你带来更多麻烦的事情上。优先做那些重要的工作，在你有精力的时候再进行整平。

确保你使用的磨具表面是平整的，并且磨料颗粒分布均匀。玻璃基材上的柔软砂纸不够平整，喷胶不容易喷涂均匀，且会结块，所以应避免使用。最好的选择是在一块玻璃或花岗岩基材上铺一块金刚石磨片或胶膜片。也可以使用研磨板（经过打磨的钢板，通常比工具的材质软一些）搭配颗粒的或膏状的磨料。如果要使用磨石，请务必先将其表面整平，并且需要在整个研磨过程中反复将其整平。磨石的任何磨损都会导致工具背面的研磨产生弧度。

小心地把工具放在磨石表面，并使其刀刃最后接触磨石（见图5-15）。然后在磨石上以一定角度来回研磨工具。通过双手在工具末端保持均匀的压力（见图5-16）。一只手提供大部分向下的压力，另一只手主要帮助工具前后来回移动，同时也要施加一些向下的压力。如果工

图 5-14 如图所示，使用"尺子技巧"形成的后斜面就是刀刃附近的较暗区域。凹凸不平的表面表明，用传统方法很难整平该刀片的背面

具有手柄，请不要将手放在手柄上。稍微提起手柄非常容易导致刀刃被磨圆。你的上半身应该位于工具上方，保持下巴或脖子位于手的正上方是一个不错的参考。注意工具平贴在磨具表面时的手感。当你来回移动工具进行研磨时，需要保持这种手感。

与常见的木工操作一样，这个操作所需的力量同样来自下半身。这样上半身就可以更好地保持对操作的控制力。这样的分工协调有助于保持动作的节奏性和连贯性，而不是随意的。操作过程需要施加一些向下的力，但需要的力量不大，没有必要拿出要把磨料磨穿的气势进行研磨。记住，努力工作与获得准确的结果没有必然的联系。当需要抬起工具时，应先抬起刀刃（压低刀具不在磨石上的部分，通常是手柄）。这样可以避免在抬起刀刃时无意间将其磨圆。

并不需要整平和抛光工具的整个背面。真正重要的是背面靠近刀刃的区域。但是，如果背面的整平区域过小，就会导致工具的握持出现问题，并人为制造出磨圆的问题。

整平工具背面的注意事项

- 经常检查工具背面是否存在变圆的迹象。观察经过抛光的背面对直射光的反射情况（刀刃变形也表明背面发生了弯曲），如有问题，再检查问题背后的技术原因。
- 确保在将工具背面放在磨石表面时不是刀刃先接触磨石。
- 确保不要抬起工具的后部（手柄端）。
- 不要把手放在手柄上，最好你的手只接触磨石上方的那部分工具，但可以用小拇指缠绕在靠近磨石的工具部分，帮助工具前后来回移动。
- 只在待整平工具的末端保持均匀的压力，并注意工具在磨料表面的触感。
- 使用适当的润滑剂。它不仅能帮助浮起钢粒和磨料颗粒，而且可以使刀具移动起来更容易。

珩磨刃口斜面

　　珩磨刃口斜面是研磨的常规工作，也是研磨的奥秘所在。尽管如此，这个过程并不艰巨，也不复杂。安全不用担心。实际上，这可能是研磨最简单的部分，你可以很快掌握。在设置好珩磨系统后，你应该能够在一两分钟的时间里完成刀刃的珩磨。

　　珩磨刃口斜面是将一个略微钝化（但未损坏）的刀刃恢复到如剃刀般锋利程度的多步骤过程。所有的操作（最后有一个小的例外）都发生在刀刃的斜面上。珩磨

从使用较细 / 精细等级的磨料开始（通常是 1,000 目的水石、较细等级的印度石或某些 15 μm 规格的胶膜片）。首先要去除足够的钢材以消除刀刃处出现的磨损（见图 5-17）。之后，磨削会到达工具平整的背面，并沿整个背面刃口留下细小的毛刺。这是你可以使用更精细的磨料继续研磨的标志。然后，一直推进到需要使用的最精细的磨石或磨料的步骤，完成操作，得到一个尽可能平滑的刃口斜面。

图 5-15 在整平工具背面时，应确保工具的刃口最后贴放在磨石表面。同样，在抬起工具时，要最先将刃口抬离磨石表面

珩磨小斜面

采用类似于整平工具背面的"尺子技巧"的方法，在主刃口斜面上制作一个二级斜面可以节省大量时间。当这个二级斜面位于刀刃的主刃口斜面一侧时，它被称为小斜面。小斜面是一个位于刀刃边缘的、角度比主斜面角度稍大的细窄斜面，可以在珩磨工具刀刃时制作。制作一个比主刃口斜面的角度大2°~5°的小斜面可以节省大量的研磨时间，形成的刀刃也更为耐用。节省时间是因为需要研磨掉的材料减少了，同时也不需要对主刃口斜面进行任何额外的研磨（见图 5-18）。刀刃更加耐用是因为，刃口斜面角度越大越不易碎（尽管刃口斜面角度越小越锋利）。

制作小斜面的方法与"尺子技巧"不同，这通常取决于你是手工研磨还是借助研磨夹具进行研磨，以及选用的夹具。但总体效果还是相同的。你可以在珩磨之前稍稍抬高刀片的角度。

随着时间的推移，随着你以该角度反复研磨小斜面，小斜面会逐渐变大。这意味着接下来的研磨会耗费更长的时间，因为需要去除更多的材料。此时需要做的是重新研磨主刃口斜面，从而将小斜面区域缩小并控制在合适的大小。

图 5-16 在整平工具背面时，正确的身体姿势是，手臂紧贴身体，身体位于工具的上方

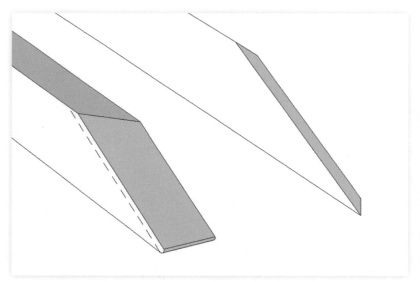

图 5-17 为了使钝化的刀刃变锋利，需要去除足够的材料才能获得没有碎裂的、倒圆的或损坏的刃口

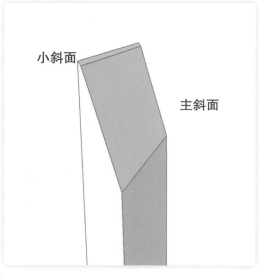

图 5-18 珩磨小斜面意味着打磨的工作量减少（需要去除的钢材较少）

用于设置研磨夹具的装置

有许多方法可以将研磨夹具设置在适当的角度。一些夹具自带角度设定装置。不过，自制一些配件用来设置夹具角度也不困难。大多数情况下，只需要控制从夹具前端到工具末端的距离。在木板边缘设置一组距离适当的限位块，可以确保完美地完成操作。尼尔森工具工厂（Lie-Nielsen Toolworks）的邓布·普查尔斯基（Deneb Puchalski）设计了一种可以自制的便携式板。它装有一组磨石，并针对最常见的研磨角度设置了一系列的限位块。这个设计中还用一根细绳将一个 1/8 in（3.2 mm）厚的小垫片固定在夹具上，将其插入工具末端与一个限位块之间，可以用来为小斜面设置适当的距离。

设置角度其实就是一个设置夹具末端到凿子末端之间距离的问题。我的磨石托盘上的限位块被设置为特定的距离，从而使操作变得非常快速和容易。

夹具近端的四个限位块分别用于为刨刀和凿子制作 25° 和 30° 的刃口斜面。特定的限位块只能搭配特定的夹具使用。

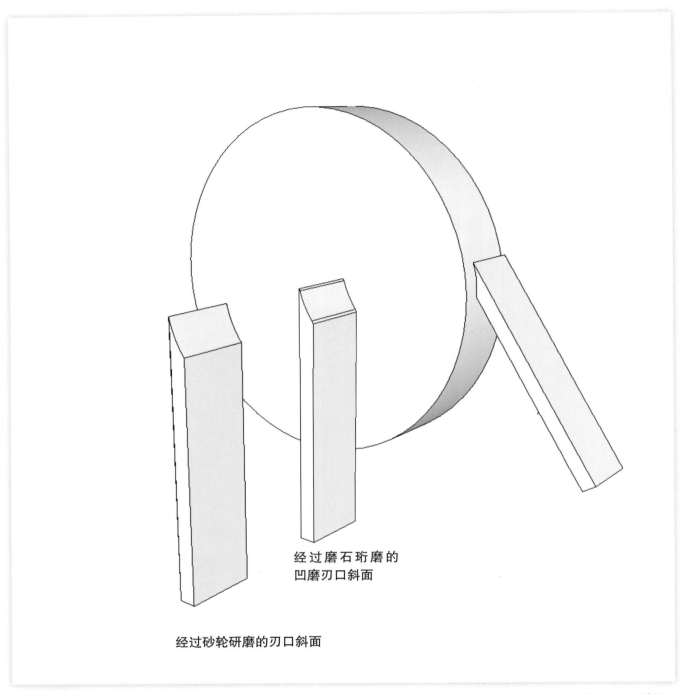

经过磨石珩磨的
凹磨刃口斜面

经过砂轮研磨的刃口斜面

图 5-19 在磨石边缘研磨刀刃会留下内凹或凹磨的刃口斜面。在磨石上珩磨凹磨的刃口斜面会产生两个二级平面：一个位于刃口前端，一个位于刃口末端。这种情况没有必要继续研磨

珩磨凹磨的刀刃

有些人喜欢研磨凹磨的刀刃。研磨的最终结果与研磨小斜面非常相似。这种方法需要首先在砂轮上研磨主刃口斜面，从而产生一个与砂轮曲线相匹配的略微内凹的斜面。当你珩磨这种凹磨的刃口斜面时，只需研磨斜面的最前端和最末端，因为内凹的部分根本不会碰到磨石。严格采用手工方式进行珩磨会更稳定，因为刀刃与磨石表面有两个接触面。这不是优点和缺点的问题，只是单纯的不同。角度是否与小斜面的角度不同与技术本身无关。这完全取决于你，因为这只是研磨角度的问题（见图 5-19）。

设置研磨工作站

我的研磨工作台有完备的研磨工具可供选择

　　要使工具保持锋利，最重要的事情之一就是花点时间在工房中创建专用的研磨工作站。如果空间足够，它会成为工房里的一个专用区域，将所有工具设置到位，以便随时可以进行研磨（见上图）。当然，你也可以简单设置一个便携式的、易于收纳的研磨工作站，可以随时将其展开使用（见左下图）。

　　为什么这一点如此重要呢？想一想，如果在进行研磨前，你必须首先清理木工桌，找出磨石和合适的研磨夹具，然后将它们设置好开始研磨，研磨结束（可能只需几分钟）后还需要把所有东西收起来，此情此景下，你还想自己研磨工具吗？

　　建立专门的研磨区域可以简化流程。不需要很大，也不必花哨，只需井然有序、工具齐全，可以随时使用。

　　靠近水龙头是理想情况，但并不是必需的。也可以在塑料盆中装水，将磨石浸没在水中（每隔一段时间在盆中添加一点漂白剂，以防止水浮渣），并用喷壶在磨石或研磨胶膜片上喷洒适量的水（见右下图）。

　　没有专门的研磨区域？可以使用便携式研磨工作站。一个简单的托盘就可以（比如带卷边的烤盘）。把它放在容易取放的位置，以便在需要时可以毫不费力地将其取出。

也可以把便携式的研磨工作站放到木工桌上。这个磨石托盘是以尼尔森工具工厂的邓布·普查尔斯基的设计为基础制作的

喷壶是为研磨工作站喷水的简单解决方案

手工研磨

关于手工研磨有两种说法。第一，手工研磨更快。它可以消除使用夹具可能带来的任何小障碍；如果需要研磨，直接上手去做就行了。第二，你从中学到的控制方法可以很好地应用于其他木工操作，并增强你的基本技能。严格的手工研磨面临的主要问题是，如何在整个研磨过程中使手和身体保持特定的角度。手工研磨还需要你在研磨过程中学习感受刀刃。在操作过程中的感觉越接近真实情况，效果就越好。如果你对手工研磨不满意的话也无须担心，使用夹具辅助研磨也没有问题。

手工研磨时，手的姿势和位置至关重要。凹磨的刀刃会有帮助，因为它可以为刀刃提供两个与磨石的接触面（刃口斜面的前端和末端），同时不必珩磨整个刃口斜面。也可以在直刃上珩磨一个小斜面，不过全程用手保持一个恒定的研磨角度会很困难。

用拇指和食指紧靠刀刃握住刀身两侧。用另一只手的一两根手指按在刃口斜面的正后方，将刃口斜面压到磨石表面（见图 5-20 和图 5-21）。这时你应该能感觉到，刃口斜面很好地支撑着工具。不要握住刀柄或刀背（尽管这样做确实有助于把小指或小指和无名指缠绕在工具下方）。上半身应该处在工具的上方，肘部应紧贴身体，整个上半身应保持姿势锁定。为了在不左右摇晃或改变角度的情况下移动工具，需要依靠下半身施力。动作应该从脚尖起始。在下半身向前移动时，只需工具轻触磨石。为了把工具拉回原位，只需稍微挺直腰部，同时借助双腿向后移动上半身。然后再次使工具轻触磨石，并重复上述过程。注意工具接触磨石时的感觉，并保持上半身的姿势锁定和控制力。

图 5-20 在研磨刀刃时抓住其两侧边缘，你应该能感受到刃口斜面牢牢抵靠在磨石表面的感觉

图 5-21 在打磨时，另一只手提供了足够的支撑力，可以保持刃口斜面紧贴磨石表面。为了支撑稳固，我通常会在这个步骤中使用一根以上的手指，但这同样会阻碍视线，使你看不到研磨过程

图 5-22 这是我积攒的一些研磨夹具。每一件都能完成特定的研磨工作，但没有一件是通用的

研磨用夹具

有数十种不同的研磨夹具可以帮助你研磨工具（见图 5-22）。这些夹具都不是必需的，因为大部分的研磨操作都可以手动完成。但需要指出的是，手动研磨不会获得更好或者更加精确的研磨效果。手动研磨的优势在于，只要掌握了相关技术，你就可以随时和更快速地完成研磨。但是，借助研磨夹具，你至少可以获得与手工研磨相当的结果，并且研磨效果更为一致。同时，你可以使用一些简单的固定装置来加快夹具辅助的研磨速度，从而使其与手动研磨一样迅速。

很遗憾，没有通用的研磨夹具。一个可以有效研磨刨刀的夹具通常并不适用于研磨 ¼ in（6.4 mm）宽的凿子。好消息是，大部分夹具并不昂贵，同时准备几个不同的夹具并不会增加经济负担。

使用夹具进行研磨时应使用双手完成，并施加中等的压力。在手动研磨时，当你前后移动工具时，只能沿一个方向研磨，以免将刀刃磨圆。使用研磨夹具操作时情况则不同，你可以在前后移动工具的同时一直保持刀

刃贴靠在磨石表面。把拇指放在夹具的侧面或背面，同时其他手指向工具施加均匀的压力。你的动作应该平稳而有力。大部分的动作是从肩膀起始的。夹具辅助的研磨不同于手动研磨，必须将动作限制在下半身，因为可以由夹具提供控制（见图 5-23）。

在使用研磨夹具时，有一个不太显眼的问题。当你更换精细的磨料时，请务必擦去夹具（以及工具）上的磨料颗粒。你一定不希望粗糙的磨料颗粒会转移到精细的磨石或砂纸上。

珩磨刃口斜面

从中等目数开始：可以使用 1,000 目的水石，使用油石的话可以选择较细的印度石，或者，如果选择胶膜片，可以选用 15 μm 规格的产品。我们的目标是使用这些磨料充分研磨刀刃，形成沿整个刃口分布的非常细小的毛刺（可以在工具平整的一面清晰地感觉到）。研磨出毛刺标志着你已经磨削掉了钝化刀刃上足够的材料，并且刃口斜面重新与工具背面交汇。对于保持良好状态

图 5-23 如图所示，我在使用夹具进行研磨

的工具，可能需要 10 次左右来回研磨，而对于钝化明显的工具，研磨次数则要多得多。接下来，更换更为精细的磨料（4,000 目的水石、硬质阿肯色油石或者 5 μm 规格的胶膜片）并重复上述步骤。你需要通过这种更为精细的磨料去除之前较深、较宽的划痕，为此通常需要来回研磨 10~15 次。然后再次重复，最后使用预期的最精细的磨料（8,000 目的水石、半透明的阿肯色石，或者 0.5 μm，甚至 0.3 μm 的胶膜片）进行研磨。同样，来回研磨 10~15 次应该足够了。最终，将刀背平贴在最精细的磨料表面，通过来回研磨几次去除工具背面的毛刺（请回想起所有的背部整平技术）。

粗磨和重新研磨刀刃

有时，你不得不重新研磨刃口斜面，这与珩磨过程并没有什么本质的不同，只是需要去除更多的材料。有多种方法可以更快更好地完成这种粗磨操作。

为什么需要重新研磨？之前提到过，如果小斜面过大，通过研磨主刃口斜面将小斜面缩小至合适的尺寸，工具的切割效率会更高。此外，如果工具出现了任何磨损（例如刀刃出现缺口、工具背面变圆等），也需要重新研磨。或者，你发现了一个严重钝化的工具，需要重新研磨才能使其达到可以正常研磨的标准。在极少数情况下，你甚至需要改变刀具的主刃口斜面角度，以达成某些特定的目标。例如，较小的刃口斜面角度更便于切削；较大的刃口斜面角度可以使刀刃更耐用；或者使刃口斜面朝上的刨刀具有更大的刨削角度。

可以完成这种工作的工具有两类：砂光机或者可置于平整表面的粗磨料。选择哪一种进行粗磨或重新研磨，实际上只是速度与控制之间的选择。

砂光机可以快速去除材料。如果你拥有合适的技术或夹具，能够适应砂光机的速度，并能承受刀刃被灼烧和刃口斜面无法保持平整的风险，那么使用砂光机粗磨是一种理想的方法。

将粗砂纸放在平整的表面上，搭配合适的研磨夹具进行重新打磨，是一种更简单、技术门槛更低的可选方法（见图 5-24）。自粘卷式砂纸则将这种简单性推至极限。衬底表面应该大而平整，一块 6 in × 24 in（152.4 mm × 609.6 mm）的玻璃、花岗岩，甚至是机器的铸铁台面都可以。粗糙的磨料（120 目或 150 目）就可以，因为你的目标是去除材料而不是抛光表面。如果需要，稍后可以使用较为精细的磨料继续处理。但如果之后打算制作小斜面，则可以保留粗糙的表面。新研磨的表面与小斜面的实际刃口没有关系。

实际的研磨操作并没有纸面上描述的这么复杂。如果它仍然令你生畏，你可以去五金店买一把便宜的凿子，按照书中的技术进行练习，在获得一些感觉之后再正式处理使用的工具。

图 5-24 图中，我正在一块花岗岩衬底上利用 120 目（或 150 目）的砂纸重新研磨一个刀刃。我使用一个夹具来固定研磨角度，动作模式与正常的研磨是一样的

第二部分

更好地
了解操作目标

6

测量和标记

　　一旦完成了所有木板的刨削和其他准备工作，并且对作品的设计有了清晰的了解，就可以将计划层面的东西转化为一个个实际的部件了。从计划到现实的过渡是从设计开始的。了解此过程并学习如何在设计过程中保持作品以预期的方式呈现，是成功完成这个过程的关键。当然，这个过程并不像表面上看起来那么简单。

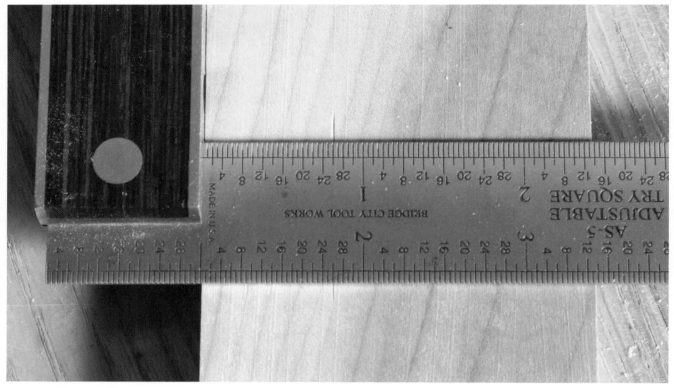

图 6-1 眼睛对准刻度线，测量结果为 $^{26}/_{32}$ in，即 $^{13}/_{16}$ in（20.6 mm）

设计过程的要素之一就是摆脱对尺子的严重依赖。通常情况下，你并不能完全放弃使用尺子，此时，"测量两次再动手切割"是一个完美的准则。即便如此，你仍需要对尺子和测量过程保持警惕。否则在任何拿起尺子进行测量的过程中，犯错概率都会自动翻倍。

这种对尺子的谨慎态度对大多数人来说是一种全新的理念。实际上，大多数有成就的木匠从不会盲目地坚持测量数据。木工并不仅仅是将机械制图转变为精确的物理渲染模型。这个过程更加灵活，并且需要同时调动左右脑参与。这并不意味着木工设计缺乏精度，只是这种精度与人们通常理解的精度之间有很多细微的差别。

使用尺子的问题

尺子本身并没有任何的问题，各种测量错误是人为造成的。尺子上的刻度细线实在是难以区分，即使是对应较大数值的刻度线也容易被误读，例如，把实际刻度 $^7/_{16}$ in（11.1 mm）误读为 $^5/_{16}$ in（7.9 mm），或者将 21 mm 误读为 23 mm。无论是熟悉分数（大多数人认为自己在生活中从来不会用到分数）还是对准 $^1/_{16}$ 和 $^1/_{32}$ 的刻度线，都需要花费大量的时间。视差会带来错误的读数，它会妨碍你的视线正对尺子的刻度线（见图 6-1

和图 6-2）。卷尺末端的尺钩松散，或者尺子末端的刻度线没有正确对齐也会造成误差。此外，为了纠正尺子末端刻度不能准确对齐的问题，将刻度"1"作为起始刻度线进行测量，结果忘记将测量结果减去 1，这样的错误也不少见（见图 6-3）。处理尺寸时也可能出现错误，都是一些与基础数学和分数相关的问题。

当然，可以采取一些措施以最大限度地减少常见错误。熟练度可以减少最基本的误读错误。如果不能熟练使用英制和带有分数的尺子，换用公制（大部分美国人从不使用公制尺寸）尺寸的尺子可以避免很多问题。较薄的尺子造成视差错误的可能性较小。高质量的蚀刻刻线可以提高尺子的品质，从而更容易区分各个刻度。

但这些还远远不够。你需要做的是尽可能地避免使用尺子。要怎么做才能减少尺子的使用呢？

现有的部件

在作品开始设计后，你应该使用已经完成的部件来确定相关部件的尺寸。这里的尺寸并不是前文提到的测量尺寸。而是使用一个现有部件来直接确定另一个部件的尺寸。例如，根据橱柜抽屉的开口大小来确定抽屉组件的尺寸，或者以一个部件做模板直接标记下一个部件，以进行手工切割，或者设置机器进行后续切割。还可以通过触觉比较长度、厚度和宽度，这比通过视觉进行比较更为准确（或者使用游标卡尺，它的准确性也很好）。

使用废木料进行试切

另一种提高操作精度的方法是使用废木料进行试切。这个方法使你可以在进行任何实际切割之前准确地

验证尺寸。如果需要精确地把某个部件安装到另外两个部件之间，可以先用废木料进行试切。如有必要，可以调整尺寸。尺寸确定后，再进行实际的切割。如果手动切割，可以借助废木料在部件上画出实际切割线，然后切割到画线处或者用刨子刨削到画线处。如果使用机器进行切割，请保留试切时的设置以完成实际切割。

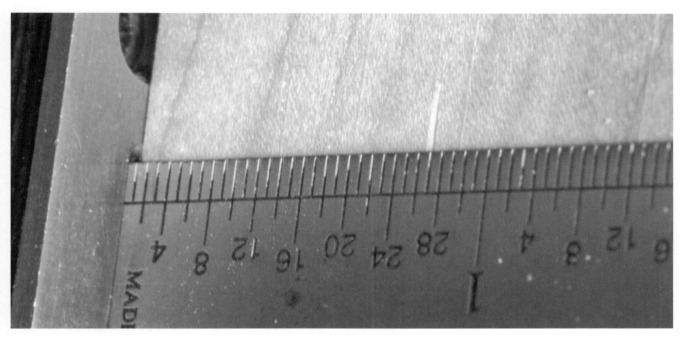

图 6-2 如果你的视线没有与刻度线对正，会很容易把数值读成 $^{27}/_{32}$ in（21.4 mm）

图 6-3 1 in（25.4 mm）的错误已经准备就绪

图 6-4 对于复杂的部件，很明显，直接通过全尺寸图纸标记尺寸更加准确。这种方法同样适用于设计较为简单的部件

全尺寸图纸

如果你拥有或者已经制作好某个部件的全尺寸图纸，则可以利用这些图纸来创建全尺寸的部件模型，甚至可以直接将模型的尺寸与图纸进行比较（见图 6-4）。

通常，这种方法对于中等大小的部件效果最好，但对于复杂的大部件，全尺寸图纸（至少是局部的细节图）同样是非常有用的。当然，除非直接复制现有的部件，否则在绘制平面图时还是需要用到尺子。图纸提供了一种验证尺寸是否正确的好方法（你已经核验过图纸，对吧？）；图纸本身可以暴露一些问题（以及提供成品的外观反馈）。图纸绘制完成后，平面图可以提供部件的尺寸、相对位置关系，或者通过将切割部件与图纸进行比较来验证，操作进展是否顺利。

参考板和模板

至少在准备工作完成之后，有一种避免使用尺子的方法，即使用参考板来确定作品所有部件的尺寸。参考板是一块长条木板，其上记录了部件的尺寸、形状、在作品中的位置以及接合方式。它也可以作为制作部件的直接参考。参考板最适合需要制作多个拷贝的部件，因为制作参考板所耗费的时间和精力并不会即刻得到回报。在后续制作同一部件的时候，你会开始收获回报。

参考板的工作原理是什么？参考板的制作方式多样，你甚至可以即兴发挥。橱柜的参考板是一块沿橱柜的一侧边缘垂直设计的全尺寸木板，木板厚 ¼ in（6.4 mm），宽 4 in（101.6 mm），其长度要比橱柜的高度略大一些（见图 6-5）。沿垂直方向记录所有的装饰线和接合的细节参数。水平方向的尺寸则需沿参考板的水平边缘标记出来，其中包括垂直隔板、门等部件的细节。椅子的参考板同样沿边缘绘制，需要标记出木旋细节和所有接合细节。水平横档、框架横梁的形状和其他细节也要标记出来。还可以在参考板边缘制作缺口，以便于将关键细节的位置精准平移到经过粗车的木坯料上（见图 6-6）。设置在参考板边缘的小钉子甚至可以用于标记木旋坯料的底部。使用参考板精确画线只需几秒钟，并且重复性很好。在参考板背面记录作品的名称和制作日期是一个好主意（还可以写上大号的"保存"二字）。你一定不希望把它与其他废木料一起丢掉。可以在参考板的末端钻一个小孔，这样就可以将其挂在墙上进行保存。

模板与参考板的作用相似，只是更适合弯曲部件。一组模板可以清晰地展示一把结构复杂的椅子或者其他曲线部件的全部形状和接合细节。其主要优点是，可以直接将轮廓线复制到木料上。使用较薄的模板甚至可以轻松将部件的曲线精确修正到所需的形状和尺寸。

模板可以用 1/8 in（3.2 mm）或 1/4 in（6.4 mm）厚的胶合板木条制作，条件允许的话，用树脂玻璃制作效果会更好。有了透明的模板，在设计部件时你就可以更好地专注于木材纹理的选择（然后只需检查木板背面是否存在异常的纹理）。对于需要再次使用的模板，请仔细进行标注，因为几年后你很可能会不记得它们最初的用途（见图 6-7）。

图 6-5 马里奥·罗德里格斯（Mario Rodriguez）在制作图中这个小橱柜时使用了参考板

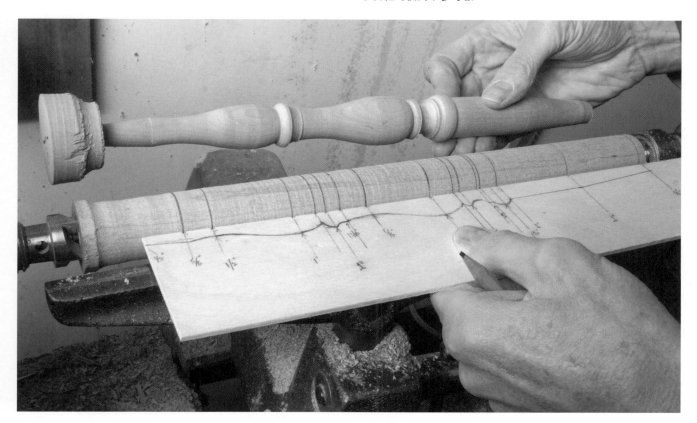

图 6-6 木旋模板的一端有一个大头钉，用于定位木旋件的末端。针对每个特征部位、测量点、尺寸节点和轮廓线制作的缺口可以清晰地指示接下来的车削操作。这节省了大量的时间，并使车削操作更准确

避免不必要的设计

设计应该基于你的实际工作方法。如果手工切割所有接合件，你就需要仔细设计每一个接合件。但如果是使用机器或夹具来切割或接合木料，那么完整设计每一个部件就是在浪费时间。一旦为某种特定切割完成了机器或夹具的设置，就可以根据需要完成多次精确的切割。

手动操作依赖于对每个部件的精确标记，通过标记指导后续的切割。但是对于机器操作，通常只需要设计一个部件辅助机器完成设置。之后，设置好的机器或夹具就可以控制整个切割过程。其余的设计部分可以只用铅笔快速标记，以辅助确定部件的位置、接合位置和部件标识。对于这些简单的标记，不需要使用直尺或直角尺。机器不在意的问题，你也不需要担心。

其他可选的测量工具

还有一些可用于精确重复测量和标记的工具，可以

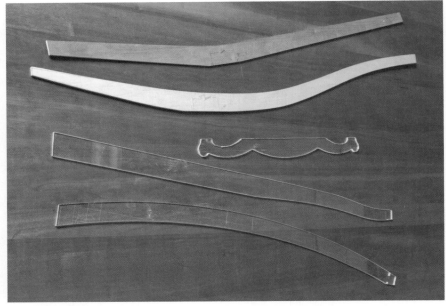

图 6-7 各种弯曲部件的模板可以使设计变得更容易。用透明塑料制作的模板便于你更好地选择木材纹理

使测量和标记操作更容易完成。

可以直接读数的表盘卡尺或数显卡尺读数方便（见图 6-8）。它们非常适合用于检查部件的厚度、深度和开口的内径尺寸。尽管频繁地使用卡尺很吸引眼球，但你要知道，并不是每次测量都需要这种精度（实际上大

图 6-8 可以直接读数的卡尺免除了精确测量时估读的烦恼。但对许多测量操作而言，使用这种卡尺完全没有必要

图 6-9 通过清晰、准确、可重复的画线，划线规可以改变你的工作方式

多数时候都不需要）。

划线规是手工木工操作必不可少的工具，而且它对于机器加工同样很有用。使用这个工具，你可以在距离边缘一定距离的位置精确画线。有各种类型和尺寸的划线规供选择。配有划线刀或划线盘的划线规最好用。划线规可以和尺子一起使用，或者直接用于测量和标记尺寸。某些类型的划线规还可以用作深度规。还有一些类型的划线规甚至具有类似千分尺的调节结构，可以精确地调节并设置尺寸，这一点非常有用（见图6-9）。

对精确尺子的依赖在木工领域是一个相对较新的现象。传统的设计都是通过两脚规完成的（见图6-10）。两脚规可以准确地转移尺寸，可用于设计几何结构（将画线或角度精确平分、绘制垂直线、绘制圆形并将其分段，等等），并能在部件设计中构建自然的比例关系。一个长宽比为5：3的矩形很容易用两脚规设计出来，只需把两侧的间隔设置成正确的间隔数值。两脚规同样可以在设计过程中进行精确的分割。它经常用于燕尾榫的设计，或者任何需要均匀间隔的部件。当然，其他工具可能在标记或画线方面效果更好。

可调节直角尺是非常通用的工具，不仅可以帮助检查直角，也可以测量深度、厚度以及凹槽尺寸，然后将这些尺寸准确转移到木料上。它们也可以设定特定的尺

图 6-10 两脚规使得均匀分割变得很容易

图 6-11 可调节直角尺是一种多功能工具。当然，你可以用其绘制直角，也可以将其用作深度规，还可以如图中所示的那样，用其在距边缘指定距离的位置画线。沿边缘滑动铅笔和直角尺可以画出更长的线条

寸，并在距边缘一定距离的位置进行标记或画线（见图6-11）。

还有由英克拉（Incra）和品尼高（Pinnacle）等厂家生产的设计专用直角尺、直尺、量角器，以及其他一些非常有用的工具（见图 6-12）。这些工具大都经过了机械加工，可以容纳 0.5 mm 的自动铅笔（可嵌入尺寸和位置正确的插槽中）。这些工具可以轻松完成 $\frac{1}{64}$ in（0.4 mm）的精确铅笔画线，而无须眯着眼睛看或者使用放大镜。虽然画线精度仍然不如划线规，但在大多数情况下已经足够用了。

保持操作的准确性

可以提高准确性的条件越多，越容易准确完成操作。设计好操作流程，以便可以使用相同的设置来铣削和切割所有相同尺寸的部件。有时，可以把两个或多个部件叠加在一起同时处理。例如，在制作书架侧板的横向槽时，可以将两块侧板夹在一起进行切割，只要每个部件足够平整方正，可以正确对齐，就没有问题。

测量两次

当你需要进行测量时，测量两次是一个好主意。更

图 6-12 英克拉的 T 形尺设计有精确的孔和插槽，每隔 $\frac{1}{64}$ in（0.4 mm）一个，是专为 0.5 mm 铅笔准备的

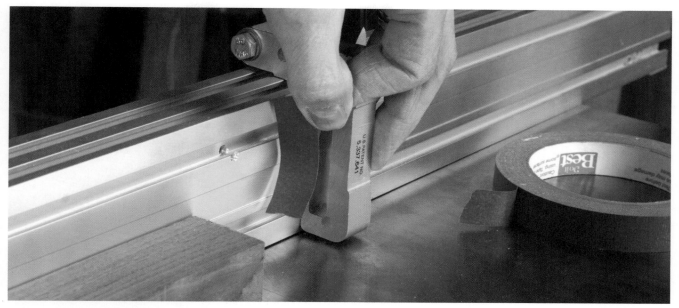

图 6-13 胶带垫片可以解决细微的调整问题

好的做法是，先使用尺子进行测量，然后通过其他方式来验证之前的测量值。接下来考虑使用尺子来核验和比较长度，而不是测量长度。尺子也可以被用于分割一段长度（参阅第 139 页"使用尺子进行等分"）。

使用垫片进行微调

对机器或者手工工具进行微调可能是一个挑战。最简单的解决办法是使用胶带或纸垫片。这种方法很容易以 0.001 in（0.03 mm）的增量进行调整。透明的塑料包装胶带厚度通常为 0.001 in（0.03 mm）。纸的厚度约为 0.003 in（0.08 mm），纸币厚度为 0.004 in（0.10 mm），遮蔽胶带厚度通常为 0.005 in（0.13 mm）。有些人会使用扑克牌，但必须经过测量才能知道它们的精确厚度，其厚度通常是 0.008~0.013 in（0.20~0.33 mm）。这些材料可以根据需要单独使用或者任意组合，以此来移动部件，调整限位块或垫块。使用其他办法很难达到这种调整水平（见图 6-13）。

简单夹具的准确性

如果需要在作品的不同位置进行相同的操作（制作完全相同的部件或者其镜像部件），可能需要考虑制作某种夹具。夹具对于手工操作或机器操作帮助都很大，它有时可以简单到只是一个矩形木块。例如，可以把一块矩形胶合板作为夹具，将柜子左右两侧的侧板上用于安装抽屉隔板或搁板的横向槽精确定位到相同的高度。

事实上，如果你先用一块较高的矩形夹具来制作靠上的隔板，接下来可以直接切割这个矩形夹具，用于制作下层隔板。

可以使用稍微复杂的夹具来确定对称部件上的接合位置。这是为椅子两侧的部件切割榫眼的绝佳策略。利用夹具上的凹槽确定榫眼的位置，并通过木销来记录椅子腿的位置。推动木销穿过夹具到达夹具的对侧，可以保持并将所有关键位置和尺寸的参数平移到对侧的椅子腿上。制作一个简单夹具投入的时间成本，很容易通过之后的精确操作收回，即使只是简单地制作两条椅子腿的过程也不例外（见图 6-14）。

木工操作的公差

木工操作最令人困惑的一点就是，对初学者和中级操作者来说，允许的公差是不同的。对一件家具来说也存在类似的情况。某些部件的误差只要在 ½ in（12.7 mm）内就可以了，而有些部件需要制作得非常精细，误差需要保持在 0.001 in（0.03 mm）或 0.002 in（0.05 mm）才可以。

了解不同公差水平背后的原因，以及对应的适用情况，可以更为准确地进行操作。还可以更快地操作，因为你清楚哪里需要特别注意，哪里不需要那么精确。

为什么存在这么宽泛的公差范围呢？主要有两个原因。第一，是因为木材本身的性质。如果制作一个 42 in（1066.8 mm）宽的实木桌面，这个尺寸会随着木材的季节性膨胀和收缩而变化。桌面可能每年只有一段时间可以保持 42 in（1066.8 mm）的宽度，在干燥的季节它会变得更窄，在潮湿的月份则会变得更宽。第二，桌面的尺寸是否精确无关紧要。因为桌面悬空的凸出部分会掩盖任何细微的差异，并将其隐藏在桌面之下，即使因为季节变化产生了 ¼ in（6.4 mm）的差别，相比 2 in（50.8 mm）的凸出部分而言，这个差值几乎是检测不到的。但无论怎样，这些差异都会因为季节性变化而出现。

将抽屉或者门安装到开口中（以及许多其他任务）需要不同程度的精度。对抽屉来说，必须留出足够的空隙，以便于抽屉可以轻松地滑进和滑出，同时空隙不能太大，以免匹配过于松散。抽屉的顶部也需要留出足够的余量，以便抽屉在潮湿月份不会因为膨胀而卡在开口中。如果是多个抽屉，抽屉之间的侧面空间应该一致且对称。门的安装遵循同样的原则。门与门框之间的间隙既要能满足功能性的需要，又要能保持外观的一致性。间隙的确切大小取决于功能性需要和设计要求。它可能因部件的差异而不同，但需要保持内在的一致性。

大多数的接合都要求严格的公差，无论是出于功能性的需要，还是视觉的考虑。通常，用于填充间隙的木工胶不具备任何强度，因此，大多数接合的完整性需要接合面能够紧密匹配。不过，在完成接合时，过紧的接合可能导致木料开裂。此外，过紧的接合还可能会在组装时刮去涂抹在接合表面的所有胶水，造成接合面"胶水不足"，无法将接合件有效胶合在一起。

因此，接合必须恰到好处，既不能太松也不能太紧。接合的公差通常只有几千分之几英寸。即便如此，在组装接合件时，没有必要使用千分尺或是游标卡尺。你需要做的是学习目测判断接合件的匹配程度，并掌握部件彼此匹配时的感觉。

榫卯接合的基本原则是稍稍施加一些推力即可完成部件组装，任何需要使用木槌和很大力量，或者出现明显噪声的组装过程，都意味着接合过紧，需要修整和重新组装接合件。如果拆卸毫不费力，或是接合件自行散架，则表明接合过松了。

安装燕尾榫接合件通常需要使用木槌，通过轻敲每个燕尾头完成接合。注意每一次敲击时的反馈，你需要感受每一次敲击时燕尾头移动的幅度。如果匹配过紧，你可以感觉到差异。如果敲击时声音出现变化，或者感受不到燕尾头的移动，超越这个临界点继续敲击，可能

图 6-14 这个简单的夹具让我可以在左右椅子腿上分别制作出两个定位精确（可重复）的榫眼。只需把木销从一侧推到另一侧

导致其中一个部件开裂，或者两个部件同时开裂。仔细观察几次这样的过程，你就会知道什么样的敲击是有效的。最好在敲击时始终使用相同的木槌或铁锤。这种一致性有助于你更快地找到感觉。

即使是对于由一系列窄木板拼接而成的桌面，长纹理的边对边接合也需要将公差控制在一定范围内。一个很好的基本规则是，木板中间的单个夹子应该可以将桌面拉在一起，同时夹紧端面（这种方法只用于测试匹配度，实际胶合时需要使用多个夹子）。这种方法适用于绝对平直的木板，或是中间间隙非常小的弹簧连接板。请注意，桌面的宽度限制了放进木板上的夹子的数量。桌面越宽，夹子就越难拉开空隙。

学着把准确性视为一个不严重依赖于尺子的过程，你就可以在准确操作方面走得更远。

使用尺子进行等分

使用尺子进行等分操作需要两步。第一步，调整尺子的角度，找到一个容易被所需的等分数整除的尺寸。标记出等分点

然后通过每个等分点用直角尺平行于木板边缘画线，并将画线一直延伸到端面

　　将一块木板等分成几个部分（通常用于燕尾榫的设计）至少需要一把公制单位的尺子，即使你在其他任何操作中都不会使用公制单位。将尺子保持在一定的角度，并使其末端抵靠在木板的一侧边缘（或者任何进行等分的位置）。调整尺子的角度，找到一个易于被所需的等分数整除的尺寸（注意，标记数比等分数少一个），然后将该尺寸的刻度线与另一侧边缘对齐。沿尺子标记等分点的位置。然后通过每个等分点用直角尺平行于木板边缘画线，并将画线一直延伸到端面。注意：如果使用这种方法设计抽屉燕尾榫，没有必要画太多线浪费时间。将初始设计中的标记从一个部件复制到另一个部件即可。

7

线条

如果你想要精确操作，就需要了解画线。你不仅需要精确标记线条，还必须牢记这些线条的用途，准确了解这些线条与切割位置的关系。具体要求取决于你在特定的操作中所需的精度水平（参阅第6章"木工操作的公差"部分）。一般来说，画线越准确，切割才能越准确。

图 7-1 用砂纸研磨铅笔芯可以获得比转笔刀更为尖细的磨削效果

铅笔画线

　　铅笔线在很多情况下都非常有用。而且铅笔价格便宜，随处可见。铅笔线在大多数木料上都清晰可见。即使是在颜色较深的木料上，普通铅笔绘制的线条很难看到，白色或者黄色的铅笔画线仍然清晰可见。同时，铅笔线易于修改和清除。除了在最粗糙的木料上，否则铅笔不会像划线刀或划线锥那样，形成深入纹理的刻线。

　　但是，铅笔线通常最不精确，这个问题还因铅笔类型而异。用卷笔刀刚削好的普通老式 2 号铅笔，笔尖画线为中等宽度。更糟糕的是，随着铅笔的损耗，线条宽度会在画线过程中变得更宽。握笔方式也会影响画线的宽度。当笔尖变钝时，画线会越来越偏离真正的位置。

　　可以在 220 目或者更为精细的砂纸上研磨铅笔尖，从而获得比卷笔刀更尖细的磨削效果（见图 7-1）。专业的绘图铅笔研芯器也可以为 2 mm 的笔芯制作出非常细的笔尖，从而绘制出非常清晰精确的线条，但这样的画线只能在笔尖磨损之前短暂持续，之后线条会逐渐变粗。如果你愿意频繁地削铅笔，就没有问题。铅笔芯同样有多种型号，质地较硬的铅笔（例如 4H），笔尖可以保持得更久，但可能会划伤木料，而且画线的颜色会很浅。

　　自动铅笔所绘制的线条粗细相对均一，但仍然较宽，其宽度通常为 0.5 mm 或 0.7 mm。也有直径 0.3 mm 的自动铅笔芯，但很难找到（可以在专业的艺术或者绘图

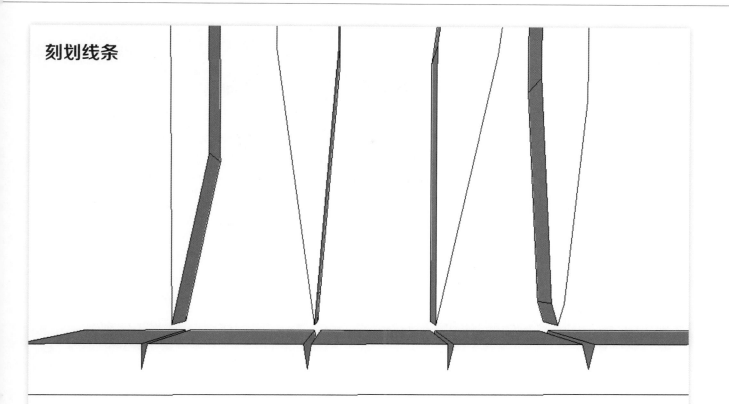

刻划线条

单刃面划线刀刻划出的直线剖面，一侧是平直且垂直木料表面的，另一侧则是平直的斜面。划线刀的刃口斜面应朝向废木料侧。

将双刃面划线刀竖直握持刻划线条，划线两侧均为平直的斜面。

将双刃面划线刀向一侧倾斜握持并刻划线条，使其一侧切面垂直于木料表面，这样的刻划线更加有用。

两侧刃面都具有次二级斜面的划线刀比较难用，倾斜这种划线刀使其刻划出一侧切口垂直于木料表面的线条很困难。

图 7-2 刻划线的样式

用品商店找找看），而且这种笔芯很容易断。

大多数情况下，普通铅笔和自动铅笔都足以完成画线任务。但在需要气密精度时，你应该避免使用普通铅笔画线。铅笔画线非常适合粗略设计阶段，例如曲线设计，以及任何公差不会超过铅笔线宽度的部件的设计。铅笔线条也适用于大多数的带锯切割，或者任何最终进行机器切割的部件（可以在批量切割之前测试尺寸或者位置）。如果你想不着痕迹地获得完美的匹配结果，也可以用铅笔画线（容易清除）。在进行切割时，你需要反复测试匹配程度并重新切割，直到获得完美的匹配尺寸，因为这个过程更多的是依赖于每次的小幅切割，而不是画线的准确位置。在制作燕尾榫接合件时，无论先切割销件还是尾件，铅笔都可以快速方便地完成画线。但是接合处的线条需要更加精确。

刻划线

一些接合件和某些技术需要的是刻划线。刻划线最大的优势是精确。最普遍的刻划线条工具是划线刀，它们既可以顺纹理刻划线条，也能横向于纹理刻划线条。不同的人偏好不同的划线刀，有人喜欢单刃面划线刀（一面平直，一面开刃），有人则偏好双刃面划线刀（两面都开刃）。两种划线刀并没有优劣之分，大多数情况下的选择只代表个人偏好。不过实际上，双刃面的划线刀有两种类型：具有二级刃口斜面的（占大部分）和没有二级刃口斜面的。如果划线刀具有二级刃口斜面，则必须将划线刀倾斜足够的角度，使其刃口斜面可以紧贴直尺进行刻划。没有二级刃口斜面的双刃面划线刀只需倾斜较小的角度，就可以使其刃口斜面紧贴直尺边缘（见图 7-2）。

图 7-3 不建议使用钢针划线规横向于木料纹理画线

用划线刀刻划的线条还有一个不那么明显的优点，即其干净清晰的边缘（特别是用划线刀的一侧垂直于木料表面刻划出的线条）可以成为接合件的最终边缘。例如，完美地刻划一条榫肩线，在废木料被完全切除后，这条完美的刻划线条就会成为榫肩的最终边缘。以这种方式制作接合件非常有帮助。只要能刻划出一条完美的线条，制作接合件剩下的工作就是去除废木料。无论使用划线刀，还是配有划线刀的划线规，都可以完成这一步骤。

精确画线的另一种方法是，使用尖锐的尖头工具，例如锥子、榫规或者划线规这样的独立工具。这些工具横向于纹理刻划线条的效果不是很好，其尖端会在切口处留下粗糙的表面和撕裂的木纤维。但这些工具的确为手工切割卯榫接合件和燕尾榫接合件提供了另外一种画线方式，不过，使用时最好顺纹理画线（见图 7-3）。传统的榫规设有两根钢针，它们之间的距离是固定的，对应于榫眼的预期宽度和榫头的厚度（以及特定的榫眼凿尺寸）。制作榫眼和榫头都需要先刻划轮廓线条，然后分别去除榫眼轮廓线以内的木料，以及榫头标记线以外的木料。锐利的锥尖也可以用于标记燕尾榫尾件的燕尾头（或者销件的插接头）。这些工具形成的刻划线比划线刀的略宽，这可能是一个优势，因为较宽的刻划线更容易看到。

任何刻划线的清晰度都可以通过用铅笔描画变得更明显。笔尖略钝的普通铅笔最适合为尖锐的刻划工具加深刻划线，自动铅笔则更适合加深划线刀的刻划线。无论哪种刻划线，都会在木料表面留下两条铅笔线，刻划线则位于两条铅笔线之间（见图 7-4）。专注于沿刻划线的一侧，即废木料侧的铅笔线进行切割，同时保持另一侧铅笔线的完整性。你会发现，这比简单地沿着切割线切割更加精确。

只要能准确指示需要切割的位置，选择哪种线条并不重要。这样，画线和切割就可以被看作一个整体，后者是对前者的扩展。如果你能够根据画线确定切割的位置，那么画线就是成功的。

这就引出了所有线条都存在的一个问题：精确地找

图 7-4 用钝铅笔描绘刻划线来突出刻划线的两侧。在切割时试着切除一侧的铅笔线

到切割位置与它们的关系。这并不直观。请记住，任何锯切都会形成一定宽度的锯缝。锯缝应始终位于切割线的一侧，而不是相对于切割线居中分布。理想情况下，应该是锯缝的近缘刚好接触切割线。通过刻划线更容易理解这一点，因为刻划线没有实际宽度。铅笔线有一些复杂，有些人认为应该将铅笔线进一步地分开并讨论，有些人则倾向于紧贴铅笔线边缘（刚刚碰到）进行切割。切割的主要规则是，永远不要越过画线。这通常会导致人们在画线和实际切口之间留出一点余量。这不仅会增加后续修整切口的工作量，而且实际上降低了切割精度。因为切割这点余量，同时保持切割的一致性，是相当困难的。最好一开始就尽可能地贴近画线进行切割(见图 7-5)。这样也有助于为所有的切割操作建立统一的切割标准（除了粗切，因为对于粗切，切割速度比精度更重要）。实际上，所有切割都是为精确切割所做的练习。你需要这样的练习；简单地理解切割的位置和实际进行切割完全是两回事。

图 7-5 切割操作越贴近画线越好

8

平整、笔直和方正

　　大多数家具要求表面平整、线条笔直和边角方正，这些要素是紧密交织在一起的。然而，想要获得平整、笔直和方正的加工效果，难度是超乎想象的。挑战来自制作过程的不同阶段。通过设置机器以获得完全笔直或方正的切口实际上非常困难（对某些设备来说，这几乎不可能做到）。此外，还存在各种意外：机器失调、夹具掉落，甚至最好的机器也不能避免使用者犯错、工作台与靠山之间木屑的堆积，以及木料的形状和尺寸不断变化的事实（无论是切割时还是切割

结束后）。甚至，方正的部件组装成的组件也可能并不方正。

　　一个严谨的木匠所需要的是一种系统的方法：从工具的基本设置到整个家具的制作过程，要始终专注于实现平整、笔直和方正的操作目标。这不是一件"正确操作就可以大功告成"的简单事情。你可以将边缘修直，但5分钟之后，它再次变得不直。这是一个不断调整的过程，需要不断将作品修整到可接受的公差范围内。即便如此，通常在最后还要进行一些调整和修正。

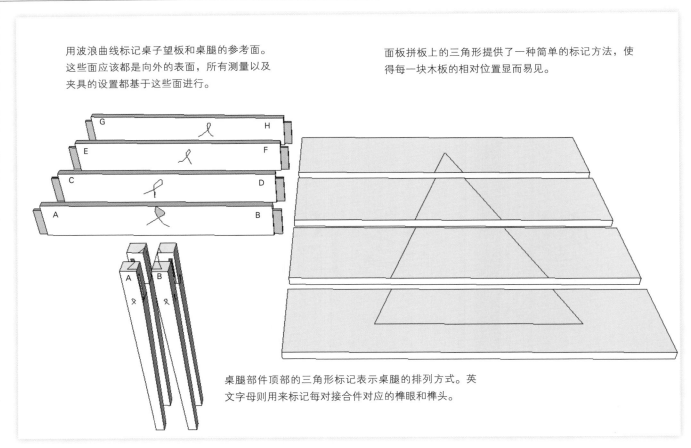

用波浪曲线标记桌子望板和桌腿的参考面。这些面应该都是向外的表面，所有测量以及夹具的设置都基于这些面进行。

面板拼板上的三角形提供了一种简单的标记方法，使得每一块木板的相对位置显而易见。

桌腿部件顶部的三角形标记表示桌腿的排列方式。英文字母则用来标记每对接合件对应的榫眼和榫头。

图 8-1 部件的标记和排列

尽早开始，从小事做起

处理好小事，大事就会迎刃而解，这句话在木工操作中只是部分正确；如果处理不好小事，那么解决大事就无从谈起，这句话则是完全正确的。某种程度上，随着操作的推进，事情会变得越来越不受控制。尽可能早开始。稍后可能仍需要进行修正，但这样的方式整体上更容易管理。

从小范围开始保持对作品的控制。你需要从所有部件开始，保持其平整、笔直和方正。从一开始就以笔直和方正为目标，是制作作品的最佳开端。

参考面和参考边

获得笔直和方正的加工效果的第一步，是选择一个参考面，并始终将其作为基准进行操作。制作一个平整的表面并仔细标记。然后将一侧边缘加工得笔直方正，并将其对侧边缘加工得与之平行，再继续后续的操作。这样有助于整件作品保持一致的参考面。所有的接合件都应该基于这个面进行设计和画线，任何机器加工也应该以其作为基准。例如，框架–面板结构门的组成部件都应该以向外的表面作为参考面。同样的，支撑腿和挡板也应以向外的表面作为参考面。通过这种方式，无论各个部件的厚度如何不同，接合件都能完美地对齐（见图 8-1）。

工具设置

甚至在接触一块木料之前，你就需要考虑木料的平整、笔直和方正问题。你当然希望可以通过现有的工具来完成最好的操作，这意味着需要对工具进行调整和校正，使其可以尽可能准确地工作。请记住，结果是检查夹具是否设置到位的最佳方法。不要单纯依靠夹具的设置以及机器本身。

平整

平整是第一要素。在一块弯曲或扭曲的木板上制作直边或直角是很难的。最好的选择是自己铣削每一块木板。如果在拼接面板时，你刨削了每一块木板，你肯定清楚它们的性能，这样后续的操作会变得更加容易。不幸的是，这种情况并不会总是出现，特别是当你刚开始

整平木板

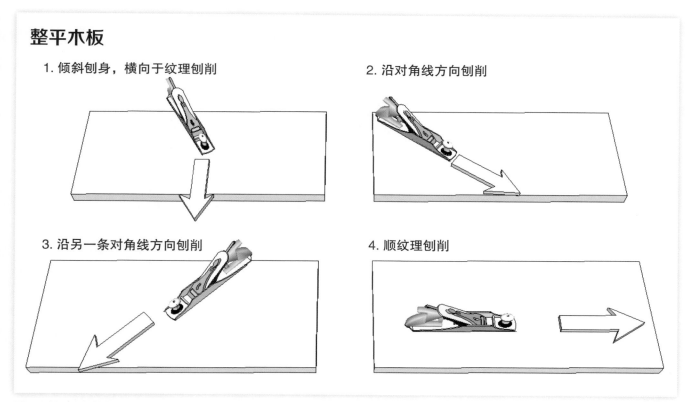

1. 倾斜刨身，横向于纹理刨削

2. 沿对角线方向刨削

3. 沿另一条对角线方向刨削

4. 顺纹理刨削

图 8-2 刨平木板的操作流程

学习木工，手上缺少设备（手工工具或机器）的时候。因此，你需要首先做一些力所能及的事情。至少，你应该检查购买的每一块木板，看其是否足够平整。从木板上切下的木块越小，能够容忍的变化和误差就越小。此外，在开始操作之前，请确保木料已经适应了工房的环境湿度。

通常，平整度对作品中的某些特定部件来说特别重要。例如，门的冒头和门梃部件、不能用螺丝拧紧的顶板（制作柱脚桌会碰到这种情况），或者相对于其他部件形变的部件。面对这些情况，"双铣削"是一个很好的解决方案。双铣削首先需要将木板铣削平整（首先用平刨将一个大面整平，然后用压刨将其对侧面处理到与其平行的程度）。此时木板所有的尺寸都要比最终尺寸略大一些。然后，将木板堆叠在一起（在木板之间放上薄木条以保持空气均匀流通），静置一段时间，使其自我形变并达到新的可铣削状态。然后再次进行整平。经过这样处理的木板，其形变幅度会小很多，因为它已经经历了一定时间的"调整"。尽管这样做仍然不能保证木板非常平整（毕竟，木材的特性仍然存在），但有利于后续的操作。

将较窄的木板成功黏合成一块平整的面板的最佳方

法是，使用平整的木板进行拼接。不够平整的木板可能因为存在弯曲，从而更易在胶合时闭合胶合线，但同样会给整块面板带来额外的应力，使其更易在未来发生形变。有些问题是不可避免的，因为将多块非常平整的木板胶合成一张桌面本就不是一件容易的事。但这是一个很好的目标，你越接近这个目标，最后制成的桌面就会越平整、越稳定。

面板胶合在一起后，仍然需要进行整平。有很多方法可以做到这一点，从手工刨削（首先横向于纹理进行刨削，然后沿对角线方向进行刨削，最后顺纹理将板面刨削或刮削平整）（见图 8-2）到使用宽带砂光机打磨板面都可以。但即使在面板被整平之后，木材形变仍会发生，因为这是木材本身的特性，优质的实木家具和建筑结构在设计和制作时都会考虑这一点。使用合适的紧固件可以将桌面向下拉紧固定到挡板上，框架可以使薄面板保持平整，燕尾榫能够牢牢固定箱体的侧板、顶板和底板，防止部件在各个方向发生形变。这些设计都是为了应对木材在实际使用过程中可能出现的自然形变而发展起来的。不过，这些措施也并不能完全消除形变的影响，之后仍然可能需要额外的工作来进行修整（例如，整平框架-面板结构的门）。

图 8-3 横切滑轨可以更好地帮助你在台锯上实现方正切割

笔直

　　接下来的操作是根据需要将木板边缘加工笔直；你不可能在边缘不直的木板上切割出方正的部件。有很多将木板边缘加工笔直的方法，你至少需要找到一种适合你的方法。你不能过度依赖直接购买直边木板，因为木板在经过任何处理（包括将木板搬运到你的工房）之后都可能出现一点形变。可以使用手工刨、平刨、台锯搭配专门设计的夹具，以及配备简易夹具的电木铣进行修边。在工具状态良好且你的技术熟练的情况下，手工刨（最好是长刨）或者平刨是最可靠的工具，它们可以帮助你得到可用的笔直边缘和平整表面。在配备合适的夹具后，台锯和电木铣也可以，但可能会留下较为粗糙的表面，这意味着后续需要进行额外的整平。

方正

　　切割方正部件最简单的方法就是使用专门的工具和夹具进行操作。一个设置精确的裁断锯就很好用。横切滑轨对台锯来说要比斜切导轨更适合方正切割操作（斜切导轨更适用于加工较小的部件）（见图 8-3）。刨削台可以确保将木板端面加工方正，并且能在长度方向提供非常精细的控制，同时得到整齐平滑的端面切面（见图 8-4）。较大的刨削台甚至可以在必要时将面板加工方正。在设置用于方正切割的工具或夹具时，要注意木屑的干扰。这可能是你最常遇到的问题之一。

　　在确认所有部件都足够方正后，就可以修整接合件了。与其他部件不同的地方在于，将接合件修整方正的过程需要全程保持专注。确保所有榫头的颊部和榫肩都要平直方正，确保燕尾榫切割方正，且具有准确和方正的基线。只要任何一个接合件出现问题，箱体、框架或者抽屉都不可能组装方正。

在更大的规模上保持方正

　　在部件制作后期，早期付出的努力就会得到回报。但还不到放松的时候。如果没有检查框架、箱体或者抽

图 8-4 一个精心制作的刨削台可以辅助切割出非常方正的木板、平滑整齐的端面，并能将部件的长度误差控制在千分之一英寸的级别

图 8-5 请确保在胶合过程中检查部件是否方正。测量对角线是最好的办法

屉是否方正，胶合过程就是不完整的。测量对角线（测量和比较每个矩形结构组件的两条对角线）是检查组件是否方正的最佳方式，应该成为每次胶合过程中的必要步骤（见图 8-5）。然后，你需要知道如何解决问题：沿与长对角线相同的方向调整夹子的角度（见图 8-6）。随着夹子的调整，你通常会听到吱吱的响声。必要时可以重新检查并再次调整。

在开始安装门或抽屉之前，请务必对所有箱体进行调平，不仅箱体本身需要调平，而且需要在接下来的组装过程中以及日后使用时保持箱体处于同样的水平状态。水平仪可以提供简单的参考点，它不仅可以重复使用，而且在部件完成并组装到位时，测平也很方便。

经过一系列努力之后，你肯定希望一切都很完美。但在大多数情况下，事情总会出现偏差。这时你必须判断，结果是否很接近预期，或者是否还需要（能够）做一些修正。很多时候，一点额外的努力就可以把部件修整到平整、笔直和方正的理想状态。一个额外的桌面按钮和螺丝可能就可以完成这种修正。对于框架-面板结构的门，可能需要对凸起的表面进行刨削或打磨才能将其整平。对于抽屉，有时只需插入一个方正的底板即可使其回复方正，或者可以插入一块稍微扭曲的底板迫使抽屉回复方正。偶尔的，方正的箱子背板也可以使箱体回复方正。

除此之外，还需要为开口定制合适的配件。对门的边缘进行微调整，使其从各个角度看起来都是完美的，尽管它们只是很方正。抽屉的开口处可能需要同样的处理。同时需要注意，永远不要认为门或抽屉（或者其他任何部件）可以互换。每个部件（组件）都有特定的位置和相应的标记。请将这一切当作标准程序来执行。

图 8-6 通过沿长对角线的方向调整夹具的角度对不方正的抽屉（箱体）进行调整（图中所示的长对角线是从近左端到远右端）

第三部分
边做边学

比起无所事事，会犯错的人生不仅更光荣，也更有意义。

——萧伯纳（*George Bernard Shaw*）

9 犯错

你最不喜欢木工的哪一部分？毫无疑问，就是犯错。时间、材料和自信心都会因为犯错而损失巨大。更为重要的是，我们的社会对于失败是有沮丧情绪的。而且我们大多数人，无论好坏，都已在内心深处同化了这种厌恶情绪。但在木工操作中（以及大多数其他事情中），失败可以带来有价值的教训。没有人愿意犯错，你需要从失败中充分吸取教训。当然，你要避免在安全问题上犯错，尽管我们都会犯一些这样的错误。希望这样的错误是微不足道的，从中吸取的教训既能持久且代价也不是很高。只要你可以从中学习，那么普通的木工错误在很多方面都是有价值的。

对木工而言，错误不是不可避免的，但对人类而言，错误却是不可或缺的组成部分。每个人都会犯错，你必须接受这一点才能变得更好。但这并不是说，你不需要对此采取行动。你应该尽可能地避免犯错。

这需要你通过学习和构建体系来减小犯错的概率。但这并不是说，你必须远离那些可能会犯错的操作。如果从不尝试超越极限，你就无法得到提高，这意味着，你需要尝试跳出舒适区进行操作，尽管这样做会导致犯错的风险增大。但是如果你不愿冒着偶尔会失败的风险尝试新事物，那么你就永远无法逼迫自己突破藩篱，得到真正的提高。

很显然，犯错本身并没有什么价值，从错误中吸取教训才是有价值的。你当然希望从错误中学到尽可能多的东西。要如何从错误中吸取教训呢？首先要做的是找出导致问题的原因。什么地方出了错？你能看出你的操作与预期之间的差别吗？为什么会出现这种差别？你要如何应对呢？

了解所犯错误的类型也很有帮助。这很重要，因为你可以使用不同的策略来降低出现不同类型错误的可能性。

错误类型

我们会因为各种各样的原因犯错。但这些错误是可以按照整体类型进行分类的。当然,有些人似乎具有超常犯错的天赋。但即便是这些奇怪的错误(并非总是错误,有一些属于真正的天才创造)同样可以归于 6 种基本类型。错误的 6 种基本类型包括:概念理解错误、流程错误、执行错误、识别错误、测量错误,以及因粗心大意或缺乏专注导致的错误。

概念和流程错误是由于你不了解某些东西而犯下的错误。它们的出现是因为知识的缺乏,当然两种类型的知识也是不同的。概念错误可能源于不了解木材的属性和加工特性、接合的工作原理以及工具的使用方法(即我在前面的章节中讲到的基础知识)。概念错误还可能是接合方式选择不当(例如,抽屉面板使用对接接合方式)、没有考虑木材形变的问题(将实木桌面胶合拧紧到望板上,或者将实木面板胶合到门的框架结构中),或者使用错误的工具导致木料撕裂。

通过"驾驶汽车"的类比可以从另一个角度理解概念错误。在这里,概念错误是指由于缺乏对道路规则的理解(例如,在单行道上逆向驾驶,没有行驶在正确的道路上)或者没有理解汽车本身的特性(不知道需要紧急制动,或者汽车需要加满汽油)而导致的错误。概念错误可能是最容易避免的错误。通过研究、学习和加深对木材、接合方式以及工具性能的了解,你就能减少犯错。多读一些木工书籍,多参加一些木工课程。这些信息的来源多样,很容易获得。只需了解如何将这些知识应用到实际的木工场景中,并与你正在进行的木工操作关联起来。

流程错误也是由于知识的缺乏。但缺乏经验才是最主要的因素。换句话说,就是缺乏对需要做什么,以及何时做什么的个人经验。这些可能是顺序错误,或者无法理解接下来该做什么以及为什么要这样做。例如,根

"忘记过去的人注定会重蹈覆辙。"

——乔治·桑塔耶拿(George Santayana)

据切割清单切割床头柜需要的所有部件,然后发现抽屉太小了。表面看起来这像是一个测量错误,但其实是一个流程错误。正确的流程应该是在抽屉框架制作完成后,再切割抽屉部件。同样地,将一个门(或抽屉)安装到箱体中,但没有事先确认箱体是否方正(并将其放在地板上调平),可能会导致门在安装时与框架不匹配。

以驾驶汽车类比的话,流程错误就好比转错弯,或者中途迷路。

其中有些错误可以简单地通过观看或者阅读别人如何完成某件特定作品的过程来避免。但是其他错误需要你自己积累足够的经验才能避免。这好比驾驶汽车时,有些地图或者导航没有显示复杂路线的细节,你可能需要成功行驶一到两次才能知道这些细节,否则会错过沿途的关键弯道。

制作一个部件涉及一个正确的顺序。但有时很难弄清楚这些步骤的顺序,直到你犯了错误,它们才会向你"展示"各种正确和错误的顺序。

从流程错误中吸取教训,可以帮你更好地理解从一个步骤到下一个步骤应该(或者不应该)做什么。在开始操作之前,你应该努力在脑海中构建一个关于整个过程的更好的思维导图。仔细考虑将要做的事情,仔细审查计划,并制订自己的切割清单。弄清楚其他人是如何处理流程的,也要充分依靠自己的经验进行判断。你可能仍然会在某些步骤上犯错,但就像开车一样,你可以随时折返回来。

执行错误是技术不熟练导致的。你知道如何切割燕尾榫,你了解设计和正确的操作顺序,但仍然不能获得满意的结果。这是因为你的技术水平不够高,无法准确地切割或者精确地凿切。有时,执行错误也会涉及概念错误,即你对实际的切割位置相对于画线的关系缺乏清晰的理解。

这就好比糟糕的驾驶技术,你不能很好地控制汽车保持直线行驶,或者无法避免交通事故。你可能需要加强有关技术的基础知识学习,然后进行足够的练习,这样才能熟练掌握技术,切割得越来越精确。对于必要的实践,没有捷径可走。但你需要切实了解实践的内容和方法(参阅第 11 章)。

在加工椅子腿的时候,在椅子腿错误的一侧切割接合件,或者本应该加工椅子左后腿,却对左前腿进行了锥度处理,这些情况说明你犯了识别错误。减少这种犯错的最好方法就是,将你正在加工的每个部件都当作单

独的作品，而不是一堆木料。在脑海中构建整件作品的结构图，并将每个部件定位到作品中的合适位置。即使对所有部件的位置以及如何组装都了然于胸，你仍然应该使用同一体系来标记每个部件的名称、位置和方向。传统上，画三角形有助于保持部件方向和定位；这只有在你养成了使用它们的习惯时才会有效。当然，你提出的并且贯穿整个作品制作过程的标记体系都是有效的。你还应该使用独特的记号（字母、数字或者自创的符号）来标记所有的接合件。

另一种非常常见的错误就是测量错误，其中最让人头疼的就是"尺寸错误"，也就是当你把卷尺上的刻度1作为起始测量点对部件进行测量时，忘记将测量结果减去1所导致的错误。更糟糕的是，由于测量不准确，还会引发无数其他的问题。测量的不精确传递和其他细微的不精确错误几乎是不可避免的。每次使用尺子或者卷尺进行测量时，都会大大增加犯错的概率。有什么替代方法吗？答案是减少测量。与其测量一个 $33\frac{13}{32}$ in（847.7 mm）长的部件，然后根据尺寸切割另一个尺寸相同的部件，不如使用第一个制作好的部件在机器上设置一个限位块。你也可以以第一个部件作为模板，在新部件上刻划出切割线，然后沿线进行切割。这种情况更适合使用划线工具而不是铅笔进行画线。应使用清晰的刻划线而不是去寻找模糊不清的铅笔线（粗细是不确定的）。很多时候，铅笔线就足够精确了，但对于精度要求很高的部件，铅笔画线不能满足需要。

你不可能总是避免测量。在必须进行测量的时候，请牢记前文提到的"测量两次再切割"的木工准则。但这只是验证测量结果的一种方法。尝试从不同的参考点进行测量，看看是否可以验证尺寸。比如，如果一个架子应该是 $11\frac{1}{2}$ in（292.1 mm）高，那么从它的顶部到底部应该有多长？

也可以考虑一些不同的测量方式。比如，将尺子视为比较长度的简单工具，而不是测量长度的工具；在测量两个相同尺寸的部件时，可以用铅笔或胶带在尺子或卷尺上做一个标记，直接将测量结果转移到另一个部件上；在确定中心点时，不要直接测量长度（或宽度），通过中间值来寻找并标记中心点，而应采取验证测量的方式，从两端起始向中心进行测量，这样实际的中心会得到验证，或者更可能的情况是，中心点位于两个略微偏离的标记中间。

尽量避免通过滑动尺子从每个新起点测量相同距离

平面图中的错误

家具平面图上出现错误的情况并不罕见。但也没有必要因此感到恐慌。你应该经常检查计算值和作品的尺寸，并把它作为了解即将制作的作品的常规工作。无论是使用自己的设计草图还是其他人的打印平面图，都应该这样做。在对部件和作品的结构有透彻的了解之前，不要开始切割木料。你应该首先尽可能地了解作品。一旦开始制作作品，你应该依据已经切割或制作好的部件调整尺寸，而不是完全按照平面图上的尺寸进行制作。

的方式来标记间隔。每次移动尺子都会引入一些对齐误差。无论是使用"尺子技巧"（见第115页）还是两脚规，标记间隔都要容易得多。如果必须在一个边缘上用尺子或者卷尺来标记间隔，最好保持尺子固定，小心地将每个间隔尺寸加到之前的总值上。这会增加数学错误的风险，因此请务必从另一个方向验证测量值。更好的做法是，同时测量两个部件，然后反转其中之一用来检查。

粗心大意或者疏忽可能会导致上述的任何错误。这可能是最难避免的错误类型。大多数情况下，它们可能源于操作者无法对正在做的事情保持专注。就和驾驶一样，内部和外部的干扰会导致各种麻烦。

即使这是问题的关键，提醒自己需要更加专注于正在做的事情也不会有什么帮助。不过，的确有一些实用的方法可以避免分心。还有一些具体的方法可以帮助你更专注于正在做的事情。最终，你对木工操作的专注程度会决定你的上限，以及你会犯多少错误。

避免分心说起来容易，做起来很难。电话、家庭、工作任务和工具目录等明显的干扰已经足够闹心了。有些时候，你可能会找到方法阻隔它们（例如，在工房外贴上"请勿打扰"的标志、关掉手机等）。其他的干扰甚至更加难以控制。愤怒、沮丧和其他情绪的干扰，还有疲劳和痛苦这些内在的干扰，甚至可能对你的注意力造成更大的破坏。如果上述任何一种干扰（以及我没有提及的其他干扰）强烈到使你完全无法专注于操作，你最好换个环境。

我们都有让自己专注于工作的策略。如果你对如何集中注意力感到茫然，试着列出你想完成的具体任务。在真正开始操作之前，尽可能多地绘制一些平面图也能提供很好的帮助。你甚至应该在还没有接触木料之前，尝试在脑海中构建这件作品。即使已经有了可用的平面图，你还是可以通过自己绘制的图纸（至少包含作品中任何复杂部分的平面图）来完成大部分操作。无论是只有你自己能理解的涂鸦式草图还是三维的计算机渲染图，考虑每个部件和每个接合件的过程都可以帮助你准确地了解需要做的事情。这个路线图可以使你更易专注于操作。

还有其他一些更实用的规则可以避免粗心的错误。不要在一天的工作即将结束时开始任何需要集中注意力的事情（例如，不要在下午5点开始胶合）。同样，尽量不要打断正在进行的复杂设计工作或者操作任务。一旦集中注意力，就要好好利用它。并且每次试着延长保持专注的时间（见第11章）。

如果放任不管，错误就会在整个作品的制作过程中级联放大。这对于脱离平面图的操作尤其明显。如果早期出现了问题，在基于这个错误继续推进时，你会越来越偏离作品的设计初衷。有两种方法可以帮助解决这些错误：在开始时努力确保所有操作都处于正轨；或者，让作品按照其自然趋势继续发展。对于前者，如果一定要按照原计划制作作品，那么你必须足够严谨，以确保可以从一开始就能正确地实现目标。这意味着，如果需要重新制作部件，那你必须从一开始就做到这一点。至于第二种方法，能够从现有的条件出发重新构建作品是一项宝贵的技能。如果抽屉有一个预期的尺寸，结果没有实现，那么你要想方设法使其匹配现有的尺寸。努力让事情向好发展，即使它们与预期有所不同（有点像抚养孩子）。换句话说，你要问问自己，这是不是一个真正的错误，或者你只是做了一些与计划不同的事情。

无论错误如何不可避免及其价值如何，我们都要主动去避免错误。这种主动性有时候也会带来问题。但更要警惕因为怕犯错而造成的精神麻木。拖延症，表现为无休止的阅读、上课、布置工房，紧接着是小心翼翼的打磨和工具调整，之后是重复更多相同的工作，这就是精神麻木的迹象。你的工具、工房和技能永远不会达到完美，而这些往往不是你的操作最后没有达到预期的原因。大多数时候，你只需要做更多的工作。

犯错会让人感到沮丧，而挫败感可能是从错误中吸

突出错误

在木工生涯的早期，我偶然想到了使用颜色对比鲜明的木料去修正一些错误（特别是那些自用家具中的错误），换句话说，就是突出这些错误。我发现这在心理层面很有用。首先，我将这些错误记得很清楚。这相当于我半公开地承认了这些错误。我很快就从犯错的沮丧情绪中走出来。我不再害怕去犯错误，而是在一段时间后突出这些错误。这并没有让我感到沮丧，相反，在无形之中（我希望）使我专注于改正错误。

取教训的最大障碍。你可以选择，是借助这种情绪激励你下一次做得更好，还是因此无所适从。你应该选择前者，引导自己建立更好的工作习惯、安排更多的技能练习，或者从错误中学到真正有用的东西。还有两种破坏性的选择：伴随沮丧的情绪无奈前进，结果导致更多、更大、更加危险的错误；或者在沮丧和失败中退缩。相比于屈服于其中任何一个，你更应该在犯错之后花一些时间冷静下来，回过头去检查情况，弄清楚问题出在哪里，然后纠正错误，或者重新制作这一部件。做你需要做的事情，这样你就可以记住错误，并从中吸取教训。

诚然，很难与错误建立"建设性"的关系。一种面对错误可以让你感觉舒服一点的方法是，使用便宜（但仍符合要求）的木材。不同的地区有不同的"便宜且实用"的木材。或者，你可以选择较为便宜的优质等级木材。这避免了弄坏好木材带来的心理负担。如果对木料的损失不太在意，你会发现自己在操作时会放松很多。这种状态会反过来激励你尝试新事物，并最大限度地提高你的学习能力。当你的信心提升到无须在廉价材料上浪费时间的程度时，就是改变木材选择的最好时机。

纠正错误

有句老话说，"专业人士更擅长纠正自己的错误"。但这不是全部。从犯错中快速恢复的能力可以让你充满自信地完成日常操作，并在面临全新的挑战时可以突破界限。这就是你取得进步的方式。掌握纠正错误的能力（至少是那些可以被纠正的），你就会以更积极的态度面对错误。一旦你开始将纠正错误视为解决问题的另一

种挑战，犯错将不再让你感到羞耻。你会在犯错时感到不那么紧张，你会更自由地进入新的领域，从而使你的木工技艺得到真正的提高。

纠正错误的第一步是冷静下来。在负面情绪高涨的时候，你无法完成任何有效的事情。休息一下，暂时离开工房（除非是需要拆开出现胶合错误的组件，这种情况下你需要在胶水凝固前采取行动）。当你冷静下来之后，再回过头搞清楚可以采取的补救措施。评估所有可行的方案，可能也需要考虑推倒重做的方案。重新制作部件当然是你应该考虑的方案，但通常会有更简单的或者更好的解决方案。

接下来，我提供了一些简单的修复方案，来帮助你入门。

打补丁

补丁可以掩盖很多小瑕疵，包括错位的接合、开裂的边缘，以及木料自带的缺陷。补丁类型很多，从修复小瑕疵的自制补丁到用来修复部件整条边缘的大型蒙皮补丁都包含在内。如何选择取决于部件的具体情况，以及你愿意做多少工作来避免重新制作部件。

修补瑕疵最重要的工作之一就是找到合适的木料。在作品完成之前，尽量不要丢弃作品制作过程中产生的边角料。它们显然是补丁木料的最佳来源。然后注意木料的纹理细节，纹理方向的匹配是很重要的。你还应该比较待修复的部件和补丁木料的纹理密度和颜色。选好木料后，接下来就是一个如何塑造补丁形状的问题。

塑形和安装自制补丁的基本方式有两种：切割斜面

斜面补丁

最简单的斜面补丁可以快速制作，只需要一把圆凿和好眼力。在缺陷周围，使用圆凿凿切出两个成角度的切口，移除一块橄榄球形状的废木料。以废木料的角度和形状为基准，在补丁材料上完成两次成角度的切割，制成补丁。检查补丁与部件切口的匹配程度，没问题的话将其黏合到部件上。当胶水凝固后，通过刨削、凿切或者打磨的方式，小心地将凸出部分整平。

1. 使用圆凿切割小瑕疵或小缺陷的第一个切口。

2. 使用圆凿切割第二个切口，切去一块橄榄球形状的废木料。

3. 补丁木料来自一块与部件匹配的木料，其切割方式与切除缺陷部位的方式完全相同。注意不要把橄榄球废木料丢弃。

4. 将补丁胶合到位。

5. 最后的成品几乎看不到修补的痕迹。

直边补丁

　　使用直边补丁进行修补，应先切割出补丁。涂抹少量胶水将补丁固定到位，然后用小刀沿补丁轮廓在部件上仔细刻划切割线。接下来用非常薄的刀片将补丁取下，用一个配有 $1/32$ in（0.8 mm）或 $1/16$ in（1.6 mm）铣头的修边电木铣贴近轮廓线（不要碰到刻划线）铣削出凹槽。使用直凿或圆凿清理凹槽边缘，直到刻划线的位置。最后将补丁胶合到位并修整平齐。

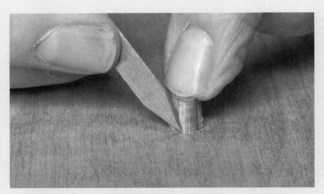

1. 用一小滴胶水将补丁固定到位，然后用划线刀沿补丁轮廓在部件上刻划切割线。

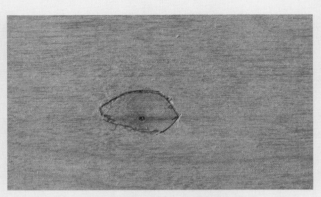

2. 我用铅笔线加重了刻划线，使其在铣削时更容易被看见。

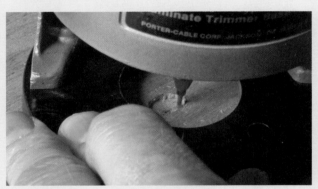

3. 用一台配有 $1/32$ in（0.8 mm）直边铣头的修边电木铣或琢美（Dremel）工具切割凹槽。尽可能地靠近切割线切割，但不能越过切割线。必要时可以使用凿子将凹槽清理到切割线处。

4. 在凹槽中涂抹胶水，然后推入或者敲入补丁。

5. 擦去多余胶水。

6. 补丁处的颜色看起来更浅，但它是从相同的木料上切割的，因此随着时间的推移，它的颜色会变深，从而实现匹配。

补丁和斜面凹槽（参阅第 161 页 "斜面补丁"），或者切割直边补丁和直边凹槽（参阅第 162 页 "直边补丁"）。两种方式都可以实现出色的修补效果。斜面补丁可以留出更多的余量，而且能够更好地隐藏胶合线，但制作和匹配难度会大一些。除非你有一些特殊的工具，否则制作较大的不规则补丁是非常困难的。

在对问题接合部位进行填充后，你可能需要对部件进行蒙皮处理。不要用真正的榫头填充榫眼，最好再制作一个与部件的纹理方向相匹配的榫头形部件。

不方正的箱体或抽屉

在用夹子夹紧抽屉时，忘记提前将抽屉整理方正。现在，它看起来更像是一个平行四边形而不是矩形。仍然有机会进行补救。通常，将一块可以与抽屉紧密贴合的、方正的胶合板底板滑动到位，有助于抽屉的框架回复方正。诀窍就是在将抽屉底板滑动到位的同时，借助夹子将抽屉背板拉至对齐的位置，然后将底板连接到抽屉背板上。这个诀窍并不适用于实木底板的抽屉，因为需要为木材的膨胀和收缩预留空间。也可以反向安装（与抽屉框架的平行四边形走向相反）一个不方正的抽屉底板，迫使抽屉回复方正。类似的技术有时也可以处理不方正的箱体。

工房中的琐事

"工房中的琐事"是指在整个作品制作过程中不断出现的划痕和凹痕的统称。这些划痕和凹痕并不是真正的错误，但是几乎不可避免。你也可以将它们视为过程错误，因为它们源于你在工房制作或移动部件时，用于处理部件的系统糟糕，以及对部件的保护不够到位。

了解一些规则可以帮助你有效减少这种问题。

- 准备足够的自制或成品夹具垫，并充分使用它们。
- 在手边常备毯子和垫子，以便随时使用它们。也可以将它们当作木工桌垫使用，或者把其他类型的垫子（小块地毯、泡沫垫和运动垫等）用于木工桌。
- 切勿将东西直立放置。如果它有可能倒下，那么它就很可能会倒下。
- 最后，注意操作过程，并把最终的整平操作尽可能地向后安排（例如，安排在最终装配之前），这样就不会在其他部件仍然需要加工时，已经完成的表面被置于危险之中。

修复榫头

如果榫头相较于榫眼而言太小，可以将垫片黏合到一侧榫颊上来进行补救。垫片可以是一块实木薄片，也可以是一块木皮。二者都可以使用木块作为衬板将垫片黏合到榫头上。然后重新安装榫头。请记住，垫片不能在结构上恢复榫头的厚度或强度。如果将 ⅛ in（3.2 mm）厚的垫片黏合到 ¼ in（6.4 mm）厚的榫头上，以匹配 ⅜ in（9.5 mm）宽的榫眼，那么榫头仍然只具有 ¼ in（6.4 mm）厚的榫头的强度。现在它可以匹配榫眼，并且胶合强度足够，但你仍需考虑，接合件是否可以承受作用其上的应力或负荷。

1. 通过将垫片黏合在榫头上，以此来修补一个相较于榫眼过小的榫头。注意将胶水涂抹均匀。

2. 将垫片对齐到位。

3. 将胶合部件夹紧到位，用一小块木料作为衬板来均匀分散压力。胶水凝固后即可重新安装榫头。

10
反馈

　　提升木工技能的最佳方法之一就是，密切关注你在操作中得到的反馈。当然，你已经在关注整体的工作质量。你可以根据结果，审视取得的成绩和不尽如人意之处。或者从其他人那里寻求评价，这样可能更有价值。如果你找到一个人，他愿意并且有能力以批判和善意的眼光审视你的作品，你可能会惊讶于他从你的操作和设计中发现的东西比你预期的要多得多。当然，这样做需要一些勇气，但是，相对于回报肯定是值得的。你能够更清楚地认识自己的作品，并能更好地意识到需要改进的方面。简而言之，知道需要做什么对你达成目标有着至关重要的作用。

反馈可以激励你做得更好。反馈有不同的类型。在你开展工作时，不同类型的反馈来源多种多样。许多人完全没有建立反馈机制。

相比于等到最后再评估作品情况，不如在每一步都获得反馈。每一次切割，每一次刨削动作，甚至使用砂纸的每一个打磨动作，都会对木料产生影响，你需要知道结果如何，以便于更好地控制整个操作过程。我并不是建议你停下来检查每一个动作的结果，但你需要意识到这些操作能够产生的结果。部件的边缘笔直吗？切割方正吗？切口是否整齐？当你进行榫接时，榫头是朝向一个方向逐渐变细，还是应该朝向另一个方向？在使用砂纸进行打磨时，你是否在木料上留下了横向于纹理或者沿对角方向的划痕，或者把边缘甚至表面磨圆了？如果在这个层面上出错对你的作品来说意味着什么？在操作过程中，考虑这些因素不应该是一件苦差事；这只是你全身心投入工作的必要组成部分。你做得越多，收获的反馈就会越多。通过更多的即时反馈，你就能使作品更加接近预期。

进一步缩短反馈循环的链条会怎样呢？如果在操作过程中，你可以努力把注意力集中到所有的感官上，包括你的感觉、视觉、听觉，甚至是嗅觉，你就可以开始这样做。这样做的越多，你对细微且重要的信号的感知就会越敏锐，从而保证工作朝着正确的方向推进。从这些信号中获益的能力，取决于你对木材和工具的熟悉程度。你需要了解工具的性能、操作流程和材料的性质，才能让你的视觉、听觉和触觉的反馈有意义。反馈以非常实际的方式强化了你的知识体系。举个例子，当过于用力推动电木铣时，铣头来不及进行完全的切割，电木铣会因此产生很大的噪声。铣头会不断震动，切割出一条比预计更粗糙、更宽的切口。一旦意识到这一点并注意电木铣运行过程中发出的声音，你就可以轻松地避免这种劣质的切割。

这是一个负面的反馈例子，声音的异常表明操作存在问题。也有正向的反馈示例。比如，在使用锋利并且调整到位的手工刨刨削时，你会听到一种特定的声音，这个声音表明，无论是刨削操作，还是手工刨本身，都处于良好的状态。凿子也可以通过其独特的声音来显示其刃口的锋利（主要在切削端面时听到）。如果你没有听到这个声音，表明锋利的刃口已经开始钝化。这并不一定意味着你需要立即研磨刃口，但你肯定需要尽快安排研磨。

视觉反馈

很显然，你应该密切注意正在做的事情，但令人惊讶的是，很少有人这样做。观察得越仔细，获得的反馈信息就越多，从而帮助你保持在正确的轨道上，可以更准确地完成操作。

你还需要学习观察哪些内容。你需要在不同情况下注意不同的事物。例如，在使用手工工具时，注意部件往往比注意正在进行的操作更加重要。换句话说，关注操作结果，而不是过程，对于监控操作来说更加重要。但有时候，观察操作也很重要。俯视凿子的刃口（用你的优势眼）能使你最直观地感受切割笔直方正的感觉。监控手工刨刨削得到的刨花也是有价值的，至少在设置刨子的过程中是这样。如果刨削出的刨花不均匀，说明存在问题。刨子的设置是否正确？你握持刨子的角度是否正确？一旦检查了刨子（同时检查你是否相对于木板居中站立），你就会知道，需要重点关注刨削过程中的任何倾斜问题。关注手工刨每个刨削回合的结果同样很重要。即使使用的是一把经过良好调试的手工刨，如果没有对操作效果进行最后的检查，你之前所做的也可能是无用功。你肯定不想这样。此时的反馈会告诉你，每一个刨削回合，或者5~10个刨削回合中，实际移除了多少木料。这样你就可以更好地了解手工刨的能效。

电动工具可能会有一些不同。通常需要重点关注各种控制和安全节点。利用台锯进行纵切需要保持木板紧贴靠山，并确保双手放在安全的位置。你需要注意防护装置和锯片的位置，及其附近的情况。不过，观察实际的切割过程效果并不理想。其他一些要素可以更好地控制切割质量和整体安全性。你更需要注意的是木板以及它与靠山的接触情况。

为了增强其他类型的视觉反馈，你可能需要以不同的方式查看操作。一个低位的光源可以显示出划痕和其他表面缺陷，而通过其他方式很难发现这些问题。从不同角度观察作品可以显现出很多难以被发现的问题。结合小角度、低位置的侧光，你可以发现更多问题。

更重要的是，你要调整好自己的姿势和位置以及部件的位置，设置好照明，这样你就可以随时充分发挥眼睛的优势。确保你能看到的是需要看到的东西。例如，如果你需要确保将部件切削方正，你和部件的位置关系应该确保你可以看到凿子与部件成直角。如果要切割一条直线，你需要妥善安排身体、工具、部件以及光源的位置，以便你始终可以看到工具和需要切割的线之间的位置关系。在刚开始切割时，你需要相比往常的习惯，更多地去移动身体、部件以及光源。你会逐渐适应这个新习惯，而且能够看到关键细节及其相互关系的最终结果，即获得更高的准确性。

触觉反馈

人的触觉非常灵敏，可以察觉到千分之一英寸的变化。将这种灵敏度与手或者手指的动作相结合，你可以察觉到很多过于微小而无法看到（至少在进行表面处理之前）的表面或边缘的微妙变化。在检查部件边缘时，不要只使用一根手指，应使用 3~4 根手指触摸边缘；在检查表面时，应使用整个手掌。通过这种方式，你可以获得更多反馈信息。但这只是触觉提供反馈信息的初级状态。在你动态地改变施加在手工刨上的压力时，触觉反馈会成为主要的信息来源。手对于震动的敏感性可以帮助你调整进料速度，或者手工工具 / 电动工具的移动速度。

压力触觉对于在整个运动过程中保持工具平贴部件表面非常重要。这有助于保持刨子平贴木板边缘（甚至是曲面边缘）定向运动，或者在打磨过程中，保持凿子的背面平贴磨石表面。一般来说，要注意切割时手中的工具形成的各个方面的触感反馈（压力、震动、运动，有时甚至是温度），这些会为你提供有用的信息，帮助你更好地使用工具。

听觉反馈

也许是因为以前作为一个音乐家接受过训练，我总能发现工房中的声音是有趣而有益的。在我的工房里，无论是在上课还是在日常操作中，我会充分调动听觉来监控过程，就像调动视觉进行观察那样。这些声音可以告诉我，某人使用手工工具或者电动工具的情况。你可以学着用听觉判断自己的工作（或者其他人的）状态，是有些紧张、犹豫，或者过于激进了，还是一切都进展顺利。同样，你也可以通过声音来判断，工具是否被过

特定的反馈及其含义

视觉

- 学会从机器的细微痕迹(压刨或者电木铣铣头的痕迹，锯齿切割的痕迹)，或者从手工工具的细微痕迹（刀片的质量，以及任何颤动）中获取更多信息。
- 寻找不同类型的光照条件下能够看到的东西，特别是在低角度的侧光下能够看见的、在正常光照下可能看不到的一些刻划线。
- 观察机器加工木料与刨削木料的界面，确保部件是方正的，这种方法最适合带锯的锯切边缘，也可以用于台锯锯切边缘。

听觉

- 使用刨子、刮刀，甚至是砂纸产生的声音都可以反映平刨或压刨刨削木板边缘或大面时留下的痕迹状况。
- 使用锋利的刨刀或凿子操作时产生的声音很有节奏感。
- 你可以通过听觉判断手锯的压力和速度是否取得了良好的平衡，轻松谐趣与紧张滞涩是截然不同的。
- 通过手工刨、平刨或压刨产生的声音可以判断出是在顺纹理操作还是逆纹理操作（注意听木纤维被撕裂的

声音）。

触觉

- 检查曲面以确定其是否光滑。
- 触摸一个较大的平面，以保证它在表面处理之前不会出现变化。
- 通过触觉判断凿子刃口的锋利程度是否满足刻划切割线的需要。

嗅觉

- 享受并分辨不同木材的气味。
- 在切割过程中谨防灼伤、机器过热（润滑剂燃烧的气味）和电路问题（胶皮燃烧的气味）。
- 检查防尘面罩的匹配度和质量（戴上后你不应闻到木头的气味）。

综合感官

- 确定机器在切割时是否过度运转（过度震动或颤动，机器声音的节奏变慢）。
- 确定机器是否需要维护（轴承运转滞涩，机器校准出现问题，零件摩擦，感觉到不正常的震动，听到奇怪的、偏大的或不正常的声音，闻到木头烧焦的气味）。

度使用或不当使用。如果你的听觉很好，你甚至可以听出一些基本的质量指标。将木板的边缘或大面完全推过平刨进行刨削的声音与错过一两个点刨削时的声音完全不同。即使无法看到，在使用手动工具进行操作时，你也可以听见一些木板上残留的机器痕迹发出的声音。当你将手或者工具移到部件上看不见的裂缝或者凹陷区域时，你可以听到它们发出的声响。

嗅觉反馈

即使是气味也可以反馈给你一些信息，即使它对于保证木工操作质量提供的帮助不像其他感官那样多。如果工具很钝或者进料速度太慢，气味会告诉你，木料存在燃烧的风险。当你忘记打开集尘器时，气味也会让你反应过来。但这几乎不会像清理工作那样影响操作，也不会影响到呼吸系统的健康。

调动所有的感官

在现实生活中，你的感官不是孤立的。即使配有听力保护设备，你也不应放弃通过工房的声音收集信息的方式。调动所有的感官一起协作，可以为你提供丰富的反馈信息。

在台锯上尝试以下操作：在约 3 in（76.2 mm）宽、¾ in（19.1 mm）厚的木板上进行三次横切（樱桃木很适合这个练习）。进行一次速度很慢的横切（整个过程超过 3 秒钟）、一次速度很快的横切（整个过程少于半秒钟），还有一次正常速度的横切。听听切割时的声音，并注意不同速度切割时的感觉。你甚至可以注意一下产生的气味！现在来检查结果。如果切割速度太慢，你可能会在切口的端面发现灼痕；切割速度太快，切口看起来很粗糙，这是因为锯片上的锯齿来不及干净利索地切断木纤维，木纤维被强行撕裂了。假设锯片本身没有问题，一次恰到好处的切割，形成的切口应该是光滑整齐的，并且没有灼烧的痕迹（或者气味）。逐渐习惯这种恰到好处的切割带来的所有感觉，你就会自觉调整，越来越频繁地获得这种感觉。

循序渐进

突然间开始关注这么多事情是很困难的。你应该逐渐将这些感官反馈变成日常木工操作的一部分。一开始要慢慢来。这意味着你确实需要投入一些时间去关注反馈。尽管这可能不太适用于机器，因为太慢的操作会导致木材被灼烧，但你可以通过放慢手工工具的使用速度来找到这种感觉。当然，有些事情很难慢下来。你要迫使自己注意正确使用身体的其他部分（这是一个检查你是否能够正确使用身体的好方法）。这样你就能够通过木工操作获得更多的信息反馈。在你开始加快速度时，仍要像之前一样努力保持获取反馈的意识。然后，你可以根据听到的、看到的以及感觉到的信息调整木工操作，从而在高质量的道路上走得更快、更坚定。乍一看，这似乎让人生畏，但你会发现，一旦更高层次的意识成为你工作习惯的一部分，你会如鱼得水。

如图所示，从下到上，你能看到典型的切割结果：过快、过慢以及正常速度的切割对应的结果

练习

只靠阅读学习手册学不会骑自行车，同理，你也不能仅仅通过阅读来掌握木工操作。木工不是单纯的理论知识，还需要让肌肉（以及神经连接）进行体验、感受和学习。而且遗憾的是，木工不像骑自行车那样，一旦学会就不会忘记。

为了掌握某些木工技能，你需要进行大量练习，这个量通常要比你认为的更多。很多木工技能都不是能够自然获得的，即使是最有天赋的木匠也是如此。最初的木工教学系统很大程度上已经消失了，因为人们认为，他们无须逐步学习基础知识，也不需要像传统的学徒那样重复学习，就可以轻松掌握木工技能。如今，学徒制被很多人认为是一种传承手工艺的稀奇且过时的方法，而现在的我们拥有更有效的方法掌握这些技能。的确，信息的高效传递和工具（主要是机器）方面的巨大进步，使得掌握木工基本能力的过程变得更加容易，但这对于弥补经验上的不足意义并不大。你仍然需要协调肌肉和关节来使用工具才能实现操作意图。这种技能的掌握只能通过实践实现。

大多数木匠都不喜欢练习，这是一个残酷的事实。很少有人愿意走到木工桌前，花费一两个小时，只为完善自己的锯切技术；甚至很多人不愿把时间花在练习带锯的精确切割上。事实上，大多数木匠，甚至包括一些中级水平的木匠，并不真正知道该练习什么，更不知道要如何练习。

我们需要从基础开始。有些事情需要通过不断重复来学习。为什么？在木工领域，一次性吸收和掌握一件以上的新事物几乎是不可能的。即使是相当简单的新任务，也需要以精确的顺序或者彼此间的特定关系来记住和执行。你不能假设自己可以纯粹凭借意志力或脑力来做到这一点。有太多的事情需要你集中精力，而我们并不是很擅长这一点。我们需要一种系统性的方法来完成学习过程，循序渐进地将新元素加入现有的体系中。只有在掌握了新元素所需的技能之后，你才能把新元素彻底融入这个体系中。

当然，单纯的重复并不是关键。如果你不断强化并重复错误的做事方式，那么重复造成的损失会与它能带给你的益处一样多。

尝试与练习

为了从重复中获益，你需要首先确定目标。这个目标应该非常具体。为了成功掌握你正在学习的技能，需要注意哪些具体细节？它们应该包括所有正确的基本要素：身体姿势和动作问题、清晰的切割线、切割质量或者表面效果的问题等。

除非你对自己需要做的事情有明确的界定，否则只能在盲目中徘徊，同时你所做的任何事情都不太可能使你向着精通技术的方向前进。有了明确的目标，你就可以开始尝试（还不是练习）了。

你需要体验一些东西，才能够理解各种要素在实际操作中带给你的感受。而且，你需要通过尝试找出正确的运作方式，然后才能正式开始练习。

尝试就是实现既定目标并评估操作结果的过程。你会尝试很多东西。无论你对完成某个操作的描述有多么出色，都无法传达操作本身带给你的感受，不管你是否做得对。在这个过程中，你需要重视基础知识的作用。对于木工，完成某个操作的方法可能有无数种，但在大多数情况下，这些方法背后的基本原理都是相同的。

尝试是清晰的目标与良好的反馈循环结合起来的产物。它可以明确你需要做的事情，以及你需要考虑哪些因素以达成目标。当你需要通过所有必要的微调来获得提高时，尝试可能是提升技能最重要的环节。

在找到实现特定目标的成功路径后，你还需要通过练习来巩固这条路径。练习本质上是重复正确的操作方式的过程。或者，正如老话说的那样，"练习不能创造完美，完美的练习才能创造完美"。

练习的内涵不止于此。因为不可能一次性完成复杂的任务，所以练习为应对任务的复杂性提供了基础。例如，当你刚学会正确地使用手工锯进行锯切时，你会发现，在你试图锯切一条直线时，你刚刚掌握的技术"失效了"。此时你需要更多地重复和强化基本技术，建立更好的"肌肉记忆"。有了足够的重复，当你需要专注于下一项操作时，就不用再分心考虑正在做的事情了。因为你的神经通路已经得到了足够的强化，你在无意识状态下就可以将其完成。

你应该意识到，随着学习进程向着新的、更复杂的技术推进，会出现忘记较为基本的技能的倾向（进入习惯成自然的状态）。这很自然，你应该期待它的出现。

此外，当你开始在操作中加入新的需求，并因此需要思考新的方面时，紧张会悄无声息地开始渗透到你的动作中。一般来说，这种紧张感会影响操作质量。如果你发现自己没有放松下来，此时应该暂缓向下推进，适当放松一下。可以将正在做的工作分解为可以轻松完成的简单任务，并不断练习，直到你可以轻松准确地完成它们。然后把引起紧张感的操作加入进来，恢复正常的操作状态。这是学习音乐的基础方法，将其应用于木工操作似乎有些激进。

把尝试（有明确的目标，并借助反馈循环进行操作）和练习（通过重复和反馈循环来巩固技能）结合起来，你就有了一个持续提高技能水平的途径，特别是当这些技能已经自然地融入你做的每件事情中时。这一点对于任何工具或者技术都是适用的，只要你能够区分优劣，并且愿意努力做得更好。

如何进行练习

如何在现实层面完成所有操作？让我们以锯切直线（切割燕尾榫、榫头和其他接合部件的核心技术）为例加以说明。

锯切直线在手锯锯切技术的基础上，加入了贴近画线锯切这一要素。这并不是一项复杂的技术，但仍涉及许多方面。手和身体的位置和姿势是第一要素。确保以恰当且放松的方式握持工具，保持前臂与手锯的背部成一条直线，且手臂可以自由地移过髋部，整个身体姿势让你感到舒适。然后加入锯切动作，平稳、放松地进行操作。问题通常发生在起始锯切的时候，所以你要勤加练习（在开始锯切时想着将手锯抬起，只借助手锯向下的重力进行切割，而不是主动发力向下推动手锯切割，通常会有帮助）。你必须不断尝试，直到锯切变得轻松舒适。然后你可以考虑从肩膀起始的动作，使前后方向的动作都是沿直线的，没有任何左右的摆动。

当起始锯切过程变得比较舒服之后，就可以沿直线锯切了，看看你的锯切贴近切割线的程度。需要进行哪些调整？是否需要向一侧或者另一侧增加压力？完成一些调整，然后安排一些练习。

我们的最终目标是让你达到无须将注意力集中在技术上，只需专注于正在切割的位置的状态。如果你对在哪里进行切割没有明确的概念，你需要将它作为一项单独的任务加以处理。奇妙的是，带锯可以帮你确定切割位置。使用带锯可以消除所有分散注意力的体力劳动。你不需要做任何事情，只需专注于需要锯切的确切位置（当你用手锯完成了足够多的练习之后，事情就应该是这样的）。

你也可以将这些尝试和练习融合到你的作品制作过程中。例如，如果你想制作一张有弯腿的桌子，画线并切割出桌子的六条腿。当切割到第六条腿时，你会对正在做的事情更加了解，而切割第一条和第二条腿可以被当作是最初的尝试。制作燕尾榫小盒子也可以作为类似的练习。不要把它当成一件礼物，而是要把它作为一个存放砂纸、铅笔等物品的盒子，无须担心制作不够精细的问题。有了第一次的经验，你制作的第二个或者第三个小盒子肯定会更好。将这种低压力下的做法融入家具的实际制作过程可以很好地提升你的技能水平。这种练习并不抽象；你制作的燕尾榫配对是否良好，桌腿能否与桌子匹配非常重要。不过，在练习过程中犯错不会带来太大的压力。

在你完成作品的过程中，看到自己的进步会很有趣。当然，你不要期盼能够一步登天，在制作过程中遭遇瓶颈与挫折是在所难免的。但无论遇到何种挫折，都要时刻关注操作的基本层面。

练习和尝试并不局限于手工操作。使用台锯或平刨进行练习可能看起来很奇怪，但效果绝对不错。不同尺寸的木板在切割时可能需要不同的方法、动作和手部的位置及姿势。练习使用这两种工具最好的方法就是，在关闭机器的情况下进行操作。找到可以平稳顺滑进料的策略，这样你就可以专注于脚和身体的姿势，以及如何移动你的手来实现最平稳的进料。你同时也会找到握持部件的最佳方式，以及推料板或手的位置和用力方式。然后，你可以继续安排一两次练习（仍然保持机器关闭）来巩固这个过程（包含上述各个要素）。最后，你就可以打开机器开始正式操作了，此时只需专注于切割过程的控制、安全性和准确性。

心理练习

木工不仅是个体力活儿，进行心理练习同样重要。有两种截然不同的方式可以完成这种练习。第一种方式就是思维模拟。这个过程类似于一名滑雪运动员在他的脑海中模拟通过整个赛道完成比赛的方式。这种模拟会详细显现即时的身体姿势，甚至是通过每个弯道时运动员需要专注的问题以及地形的起伏变化。这类似于提前构思整件作品的过程。如果你可以先在头脑中构建出作品（直到最细微的细节），那你在现实中做好作品的成功率就会大增。这一点无论对于单个部件还是整件作品

都是适用的。

心理练习的另一种方式是提高注意力。长时间保持专注的能力是职业木匠与业余爱好者之间最大的差别之一。你可以在一次切割或其他操作过程中锻炼保持专注的能力。最基本的方法就是每次延长一点保持专注的时间。在开始动手之前清楚地了解操作目标有助于保持思维清晰，这样你就不必停下来思考操作的其他方面（并破坏你的专注）。通过这种方式，两种类型的心理练习会关联在一起。

热身

你同样应该意识到热身的作用。这是音乐家和运动员一直在做的事情。

什么是热身？对运动员来说，这既是让血液流动、使肌肉达到最佳状态的过程，也是重新熟悉各种运动感觉的过程。人体不是机器，即使在不同的日子做同样的事情，也很难获得同样的感觉。肌肉可能会感到酸痛或疲劳，身体可能会对寒冷、炎热或疾病，甚至是刚吃过的东西产生反应。为了身体功能达到最佳，甚至必须启动某些生化过程。所有这些都会影响你的身体感觉，因此你需要一点时间来适应所有要素。热身同样是反馈循环参与的过程。它允许你通过一些快速尝试重新发现正确的方法来达成目标。

不要一开始就直奔主题切割榫头；先做一些简单的锯切，重新熟悉使用手锯锯切的感觉，让肌肉回到正确的动作中，并专注于正确切割的感觉。使用手工刨操作时同样应如此，通过最初几分钟的热身来确保工具设置正确、状态良好。这个过程通常不会超过两分钟，但是一旦开始正式操作，这几分钟会带给你更好的结果。

当然，在使用机器时进行热身不是那么必要，尽管关闭机器进行的练习的确可以暴露一些潜在的问题，让你了解如何做到最好。

优势与不足

你当然希望自己的操作能够产生积极的结果，这通常会导致人们只做自己擅长的事情。你当然应该努力发挥自己的优势，但不要忽视你的不足。这些不足才是最大限度提升能力的动力，也是你最需要练习的地方。

同样需要弄清楚的还有，为什么有些事情对你而言比其他事情更容易完成。你有什么办法可以把你做某些事情的信心转移到其他方面。通常，答案就是练习。

12

综合运用知识

增加对木材、工具和身体的了解会让你成为一个更好的木匠。以这些知识为基础，你的能力可以得到巨大提升。在此基础之上获得的能力将决定你的上限。掌握基础知识能够使你更容易理解和吸收其他来源的丰富信息。

这些知识同样可以让你更轻松地从操作实践中学习。当你了解了工具使用背后的基本原理和身体力学，并将其与对最终结果的清晰理解相结合时，自学就会成为一种重要的学习方式，就像有人教你时那样。这些原则的普适性意味着，你在学习、吸收新方法和新技术方面也会有一个良好的开端。甚至你的工具都可以告诉你如何完成操作。

向他人学习

为什么现在是向他人学习的好时机呢？有几个原因。第一，你已经掌握了基础知识，可以更好地发现并提出问题。第二，与一个优秀的老师一起工作是获得指导的最佳且最简单的方法。他能够指出问题所在，并提供可能的纠正方案。第三，对这些信息的重要性和相关性的认识的提高，会使你更容易吸收新学到的知识。

学习的另一个方面是学习新技术。对基础知识重要性的理解会使你洞察老师为何以及如何以某种方式做某事，而不仅仅是观察他们在做什么。你可能无法完全遵循老师的路数，但可以了解它们背后的思维方式。

老师会给出适合大多数学生的方法，并与学生交流这种技术或方法发挥作用的方式和原因。但是每个人都是不同的，有些方法可能不适合你，你可以，也应该根据自己的情况对其进行调整和选择。你可能更偏爱某种特定工具或者操作方式（例如，只用手工工具，或者不用手工工具等），因此遵循特定的方法对你来说可能更有利，也可能情况更糟糕。换言之，你需要对老师提供的方法做进一步的调整。任何木工操作都有多种完成方式。选择哪种方式并不重要，只要它能帮你达成目标。

保持开放的心态，向任何事情和任何人学习，并对任何潜在的疑虑多问一个为什么。如果有人能够成功使用某项技术，那这项技术就不是错的。只是因为相对于你之前经历的或者学到的知识，它看起来似乎不妥，但并不意味着它是错的。你甚至有些时候会用到所谓的"错误方法"。但首先，你需要理解它是如何运作和为什么要如此运作。这个技术和方法背后的原理是什么？它是否契合所有基本层面的要素？它对你有何用处？

有时候，你会发现有些方法确实不符合基本原则。你不能忽视木材的特性，却可以摆脱不良的身体姿势。人体的适应能力很强，只要坚持不懈地追求一个目标，即使"错误的方式"也可能奏效。当然，它还可能导致腕管综合征、背部酸痛或者更糟糕的伤病。

强化你的意识

准确执行操作的意识越强烈，实际成功的可能性越大。强化意识不是很难的事，但是需要努力。

大多数木匠喜欢根据平面图制作作品。这不存在什么内在的限制。但是，你需要将平面图看作其他人决定做某事的记录，并充分理解他为什么选择这样做。只是简单地遵循别人的说明通常意味着你没有真正理解一个特定方法背后的原因。这肯定会限制你的发挥。

反复检查平面图。找出可能的错误，搞清楚为什么你认为这是个错误，并根据自己的判断做出修正。然后制作一份自己的切割清单（即使有现成的切割清单）。你的切割清单应该仔细标注合适的木材和接合方式的选择。你需要了解这件作品，就像它是你设计的一样。这很重要。如果无法理解设计师的选择，你就不会真正理解下一步做什么，以及为什么这样做。你将无法在是遵循原有平面图还是自行调整之间做出明智的选择。

大多数人对这样做木工并不适应。这与他们直接去工房做东西的习惯做法相差甚远，至少在开始时是这样的。一旦开始制作，很多方面会陆续展开，之前的差别会减小。在制作过程中，你对即将发生的事情认识越清晰，就可以越专注于操作本身（这是木工操作的主要乐趣之一），同时提高技术水平。你对制作目标认识得越深刻，高效、精准地达成目标的可能性就越大。

这引出了另一个话题：学习更多设计知识。《大众木工》（*Popular Woodworking*）杂志的"设计专栏"作家乔治·沃克（George Walker）写道，"设计是完整的工匠链条中不可或缺的一环。它将想象力和技术结合起来，达到一种更高的层次，一种单凭技术无法企及的层次，而技术可以激发你的想象力，使你达到超过现有水平的高度。"

设计意味着探索各种选择，包括视觉效果、外观表现力以及产品结构。你无须要求自己具备过人的设计天赋，只需提出可能的方案，并从中进行选择。经验越丰富，你就越容易分辨不同方案之间的差别。这也是提高家具鉴赏能力的好方法。这种鉴赏能力可以帮助你明确目标，同时大幅提高你对家具设计的理解。

自主学习

自主学习是进步过程的重要组成部分。在与老师一起工作时，吸收其提供的知识仍然是你的责任。最终，你必须找到完成特定操作的最佳方式。了解其他人的做法对你极有帮助，但并不能直接告诉你这样做的感觉和如何专注于正确的事情。你需要勇于尝试，勇于实践，并一直坚持下去。

你还需要避免过程变得过于舒适。为此，你要在制作每件作品时增加一点挑战。不是盲目地追求制作更难的作品，而应寻求那些能让你感到兴奋的作品。

在工房中玩乐。工房是你的终极玩具室。偶尔尝试在操作中保持一颗童心，做一些没有特定目标的事情，单纯地享受乐趣。大胆探索吧。

接下来，练习。留出一点时间和一些便宜的木料，来制作燕尾榫、榫卯接合件或者其他有用的部件。尝试找到一种有趣的制作方法。例如，与朋友商量好，每人制作一定数量的榫卯接合件用于练习，或者奖励自己一件你喜欢的新工具，但前提是你首先要提高技术水平。在自主学习时，你需要善于解决问题。木工是一个需要根据各种动态变化不断进行调整的过程。每块木板都有各自的挑战，你必须根据纹理方向的变化、尺寸变化，甚至含水量的变化进行调整。工具状态也在不断变化。只要开始使用工具，锋利的刀刃就会开始变钝，你必须意识到这一点，并根据需要及时做出调整（包括何时需要重新研磨刀刃）。工具也会出现无法调整的情况。可能会在使用刨子时发生碰撞，或者因为没有拧紧螺丝导致一些部件移位。木料中的某些东西导致刀片变钝或刃口崩坏。机器的轴承、刷子和皮带会出现磨损和断裂，以及无法对齐的情况。螺栓可能会因为震动而松动。你需要根据反馈来判断变化是何时出现的，并快速做出反应，但准确找出问题所在仍然是根本。

仅仅集中注意力并不意味着，你一定能找到问题所在。这个问题对于初学者尤为严重，因为他们经常面临未知的情况。是我的问题、工具的问题，还是木料的问题？当问题出现时，每个人都会这样问。在某些情况下，只需犯足够多的错误就可以找到答案。不论你的经验如何，都需要搞清楚事情的来龙去脉后才能继续操作。只有这样，当问题再次发生时，这种经验才有价值。

检查单

找到问题所在的最佳方法是，在脑海中拉出一张检查单。你要扮演侦探，并快速浏览常见嫌疑人的名单。

身体力学——你有问题吗？除了上课时老师可以直接指出问题，你还可以尝试录制一段自己操作的视频，了解自己的实际操作情况。你是否正确使用身体，并依赖下半身或大肌群的肌肉发力？你的身体姿势正确吗？你看起来处于平衡状态吗？对齐情况如何？

- 你存在过度工作的情况吗？
- 工具锋利吗？锋利的刀刃不可能永久保持下去。
- 工具安装正确吗？
  工具设置问题可能包括以下几个方面。
- 凿子的背面是否平整？手工刨是否已调整到位，刀

片是否放正并设置到合适的刨削深度？手工刨上的每一个部件是否都已适度拧紧，或者因为某些螺丝的松动导致部件发生移位或震动？

- 台锯的台面（斜切槽）和台锯靠山是否与锯片平行？锯片是否与台面垂直？平刨的台面是否平行，设置是否正确？如果出料台与刀片的高度没有完美对齐，你就不可能得到平整的边缘。平刨的刀片上是否存在缺口？缺口形成的小凸起会使木料在出料台上上下移动，导致切割直边变得更加困难。

- 是木料的问题吗？整平一块木板并不意味着它会始终保持平整。你需要想办法消除木料纹理方向改变带来的影响吗？如果不能改变锯切方向，是否可以考虑使用更大的切割角度，或者换用刮刀操作？你甚至需要考虑将部件固定在木工桌上的方式。如果把部件夹得过紧，木板很可能无法继续保持平整。任何端面台钳的下垂都可能产生类似的后果。

检查单上的这些问题（甚至更多）可以引导你找到问题的解决方案。并且每完成一次这样的过程，你的思维会变得更严谨。这些问题都不是真正的错误，它们只是使用木料的过程中必须面对的现实。但对你的学习和技术提高而言，它们与真正的错误一样重要。它们为你在操作中遇到的问题建立了一个解决框架。

你不仅需要将木工操作信息添加到这个基本信息框架中，还要从其他方面的进步和成功中汲取经验。这种综合性方法使你可以提出最合适你的解决方案。

从工具中学习

吉姆·托尔宾（Jim Tolpin）在《新传统木工》（*The New Traditional Woodworker*）一书的结尾写道："手工操作越多，我学到的东西就越多。我发现工具本身教会了我如何以最有效的方式使用它们。"的确如此，但这种论断只在特定条件下才成立。你需要首先了解工具的用途，需要了解木材的基础知识、工具的应用原理，以及如何运用身体。把所有这些与必要的尝试结合起来，优质的工具才可以教给你正确的使用方式。

本书中的每个主题都有更多知识需要学习。木工操作拥有相当丰富的方法、技术以及创造性。本书的作用是构建一个基础框架，你可以在其中融入更多细节。寻找有用的信息，并从中汲取营养。最重要的是，进行实践，通过实践提高技能，这样你才能不断地进步，并从中享受木工带来的乐趣。

后 记

　　木工中的任何操作都可能存在多种完成方式。但事实上，结果才是检验方法是否正确的唯一有效手段。简单来说，如果某个方法奏效，那它就是可取的。在切割一组燕尾榫的时候，并没有一个特定的要求来规定，什么样的身体姿势是正确的。

　　我一直在思考，如何在本书的整体价值与提升木工技能的最佳方法之间取得平衡。我发现某些方法比其他方法更有效，而且给出了充足的理由来说明它们为什么更有效。但是，我不会要求你全盘照抄这些方法，或者告诉你不这样做就是错误的。如果你获得了很好的结果，那你至少不用拘泥于本书提供的方法。

　　如果你使用的方法奏效，那么它可能就不是错误的。我用"可能"这个词来限定这个说法，原因有两个。第一，出于安全考虑，可能存在的安全问题会导致某种特定方法是完全错误的。安全的方法总是更受人青睐的。第二，低效的操作方式可能会让身体承受过度的压力。如果经常这样做，你可能会遭受重复性运动损伤的困扰。同时，如果你无法获得预期的结果，那么这些建议可能有助于你找到新的方法。

　　本书是实践知识和应用知识的结合体。尽管你需要通过使用各种不同木材的实践以及遇到并解决大量的问题才能真正熟悉木材，但你同样可以通过阅读有关木材结构的书籍来了解木材。不过，单纯的阅读无法让你掌握有效刨平木板或者切割燕尾榫所需的一系列复杂动作。你不仅需要弄清楚该做什么（本书会对此有所帮助），然后还需要努力学习如何做，具体方法是：重复练习新技能，不断尝试，体验各种不可避免的错误，学习使用不同木材进行操作的复杂性和独特性。然后，你需要更多的正确练习。你不能幻想通过阅读就可以学会骑自行车，同样，也不能指望仅仅通过阅读就可以学会如何锯切榫头。木工是一种很复杂的项目。复杂的任务不可能通过浅显的学习就能驾驭，因此保持耐心坚持下去是很重要的。

　　谨以此书献给：贝基、艾萨克和爱丽儿。